サイエンス テキスト ライブラリ＝10

線形代数学入門

隅山 孝夫　著

サイエンス社

サイエンス社のホームページのご案内
http://www.saiensu.co.jp
ご意見・ご要望は　rikei@saiensu.co.jp　まで

まえがき

我々はしばしば「線形」（英語で linear）という言葉を目にするが，この意味するところは何であろうか．最も簡単にいえば，「線の形」ということである．ここでいう「線」とは，「まっすぐである」，つまり曲がっていない，ということである．

$y = mx$ （m は定数）のグラフは下図のように直線であって，曲がってはいない．

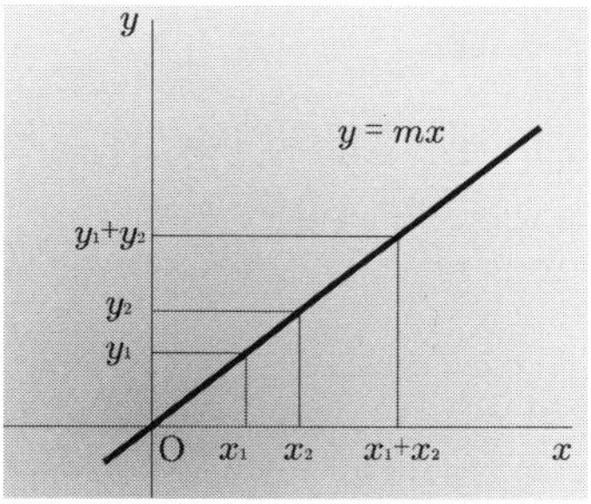

直線であるということは，次のことを意味する．２つの実数 x_1, x_2 とその和 $x_3 = x_1 + x_2$ を考え，それらに対応する y の値を y_1, y_2, y_3 とすると，

$$y_1 + y_2 = y_3$$

となっている．これは上のグラフが直線であるからこのようになるのであって，もしこのグラフが曲がっていたならばこのようにはならない．

つまり $f(x) = mx$ （m は定数）という形の関数は

(1) $f(x_1) + f(x_2) = f(x_1 + x_2)$

という性質をもっている．また同時に，定数 k に対しては

(2) $f(kx) = kf(x)$

となる，という性質をもっている．このように，足したものは足したものになり，k 倍したら k 倍になる，という性質を「線形」という．気をつけてみると，世の中にはこのような現象がいっぱいある．A 氏は 100 kg の物体を動かす力をもっ

ており, B 氏は 200 kg の物体を動かす力をもっているとすれば, この２人が力を合わせれば 300 kg の物体を動かすことができるであろう.

線形という現象を数学的に考察するのが, 線形代数という数学の分野である.

学問というものは, 新しい理論のもとに飛躍的に発展する時期と, その理論によって得られた成果を整理する時期を交互に迎えて発展してゆくものであり, 今はここ数十年の急速な発展のもたらした成果を省みながらその教育へのとり入れ方を考える時期に来ていると思う. 昨今の大学改革もその 1 つの現れであろう. この時期に本書が新たに世に出るにはそれ相応の存在意義があらねばならない. 著者の意図する本書の存在意義は次の通りである.

１. 美的であることとわかりやすさの両立. 数学は美的であらねばならないが, 美的であるということは, わかりやすいということと相反する傾向がある. 本書は随所にやさしく理解の助けになる問題をとりいれることによってこの両立を図った.

２. 著者の勤務する愛知工業大学のような私立工科系大学における代数系の授業に使うのに適当な書を目指した.

３. 従来の類書のように線形代数学をくまなく記述することは避けて, テーマを「次元」という一点に集約した.

この本を大学の講義でテキストとして使う場合, 第５章まで講義すれば標準的な線形代数学の講義のテキストとなり, 付章まで通して講義するならば, 線形代数の枠を超える代数学入門講座のテキストとなるように配慮した. なお, 付章では多項式と代数系を練習問題を中心に扱っている.

本文中の演習問題については略解を巻末に付した. 章末問題については解答は省略したので, 検討課題としていただきたい.

図版については, 文化学院美術科在学中の娘隅山由香子の協力を得た. 原稿に何度も目を通して頂き適切な助言を下さった, 田島伸彦氏, 鈴木綾子氏はじめサイエンス社の方々に感謝の意を表する.

西暦 2000 年 2 月 著 者

目　次

第1章

数 と 空 間

この章では数学の基本概念である，集合，写像，論理，平面，空間，複素数について説明する．

1.1　集合と写像

集合　集合の正確な定義は難しいのであるが，ここでは素朴に，**集合**とはある性質をもつものの集まりであるとしよう．我々は集合を定義するときにしばしば次のように書き表わす．

$$A = \{a \mid a \text{ は名古屋市の住民である．}\}$$

この意味は，A は,「a は名古屋市の住民である.」という条件をみたすような元 a 全体からなる集合である．すなわち，A は名古屋市の住民全体という集合であることを意味する．

A がある集合で，a がその構成要素の 1 つであるとき，

$$a \in A \quad \text{または} \quad A \ni a$$

と書き表わす．このとき a は A の**元**，または**要素**であるという．

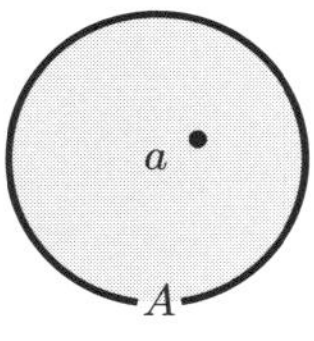

集合 A の元はすべて集合 B の元であるとき，A は B の**部分集合**であるといい，このことを $A \subseteq B$ または $B \supseteq A$ と書き表わす．

$A \subseteq B$ かつ $B \subseteq A$ であるとき，集合 A と集合 B は**等しい**といい，$A = B$ と書き表わす．

写像と関数　集合 X と集合 A があるとする．X の各元に対して A の元を対応させる規則があるとき，これを**写像**という．f が X から A への写像であるとは，X の各元 x に対して A のある元が対応する規則があるということであり，このことを $f : X \longrightarrow A$ と表わす．X の元 x に対応する A の元 a を $f(x)$ と表わす．このことを $f : x \longmapsto a$ とも表わす．

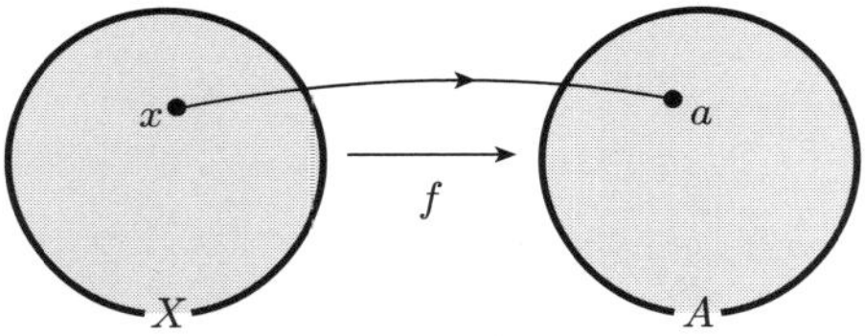

例 1　$\mathbf{R}$ は実数全体を表わすものとし，$f : \mathbf{R} \longrightarrow \mathbf{R}$ を $x \longmapsto x^2$ で定義する．これは各実数 x に対して $f(x) = x^2$ という実数を対応させる写像である．▨

集合 X から集合 A への写像 f が**全射**（**上への写像**ともいう）であるとは，

A のどんな元 a についても，必ず $f(x) = a$

となるような X の元 x が存在する

ことをいう．上の例では，負の数 a に対しては $f(x) = a$ となるような実数 x は存在しないから，f は全射ではない．

集合 X から集合 A への写像 f が**単射**（**1 対 1 の写像**ともいう）であるとは，X の相異なる元には必ず A の相異なる元が対応することをいう．つまり，

$$x_1, x_2 \in X, x_1 \neq x_2 \quad \text{ならば必ず} \quad f(x_1) \neq f(x_2)$$

となることをいう．

写像 $g : \mathbf{R} \longrightarrow \mathbf{R}$ を $g : x \longmapsto 2x + 1$ で定めるものとすれば g は全射であり，かつ，単射でもある．全射でかつ単射である写像を**全単射**という．

❏ **問題 1.1.1** 次の写像は全射か，また単射か答えなさい．

(1) $\mathbf{Z}$ を整数全体の集合として，$f:\mathbf{Z}\longrightarrow\mathbf{Z}$ を $a\longmapsto 2a+1$ で定める．

(2) $\mathbf{R}$ を実数全体の集合として，$f:\mathbf{R}\longrightarrow\mathbf{R}$ を $a\longmapsto a^3$ で定める．

集合 X から集合 A への写像 f があり，X' を X の部分集合とするとき，写像 f を X' 上に制限することができる．つまり，X' の元 x に対して $f(x)$ を対応させるものとして，f を集合 X' から集合 A への写像とみる．この写像を f の X' 上への**制限**という．

関数とは，数に対して数を対応させる写像のことである．例えば

$$f(x)=x^2$$

は，実数 x に対して x^2 という実数を対応させる写像である．この場合は任意の実数 x に対して $f(x)$ が定義されているが，関数 $g(x)=\sqrt{x}$ については，x が負の数では困るから，0 または正の数 x について定義されていると通常解釈される．このように，関数とは必ずしもすべての実数について定義されているものではなく，実数全体のある部分集合 D に属する各々の数 x に対してある数 $f(x)$ を対応させる写像のことであり，D のことを関数 f の**定義域**という．

関数 $f(x)=x^2$ において，x という文字は便宜上のものであり，本質的な役割は果たしていない．これを $f(y)=y^2$ と書いても，ある数に対してその２乗を対応させるという機能についてはなにも変わりがない．だからむしろ

$$f(\square)=\square^2$$

という表現の方が本質をとらえてわかりやすいかもしれない．

A を集合とするとき，A の各元 a に対して a 自身を対応させる写像 $a\longmapsto a$ を A の**恒等写像**といい，I_A と表わす．

A，B，C が集合で f は A から B への写像，g は B から C への写像であるとき，A の各元 a に対して C の元 $g(f(a))$ を対応させる写像を f と g の**合成**といい，$g\circ f$ で表わす．

f は集合 A から集合 B への写像，g は B から A への写像で $g\circ f=I_A$，$f\circ g=I_B$ となるとき (つまり $g(f(a))\equiv a, f(g(b))\equiv b$ $(a\in A, b\in B)$ のとき)f は g の**逆写像**，g は f の逆写像であるという．f の逆写像を f^{-1} と書く．

f が集合 A から集合 B への全単射であれば f の逆写像が存在し，これは B から A への全単射である.

例 2 $f(x) = \frac{1}{x}$, $g(x) = x + 1$ ならば

$$g \circ f(x) = g(f(x)) = \frac{1}{x} + 1,\ f \circ g(x) = \frac{1}{x+1}.$$

❏ **問題 1.1.2** 関数 $f(x) = \sqrt{x}$, $g(x) = x^2 + 1$ について，$g \circ f(x)$ と $f \circ g(x)$ を求めなさい.

❏ **問題 1.1.3** 関数 $f(x) = 3x + 1$ について $f^{-1}(x)$ を求めなさい.

1.2 論理と集合

命題と論理

「100 より大きい数は 10 より大きい.」

とか

「素数は有限個しか存在しない.」

のように，ある対象について述べた文でその真偽が判定可能なものを**命題**という．はじめの命題は**真**であり，２番目の命題は**偽**である.

命題は $P, Q, \cdots$ といった記号で表わされる．命題は次の論理記号で結合される.

$\wedge$	$\cdots$	「かつ」(and)
$\vee$	$\cdots$	「または」(or)
$\neg$	$\cdots$	否定 (not)
$\Rightarrow$	$\cdots$	論理的包含 (implication)
$\forall$	$\cdots$	「すべての」(all)
$\exists$	$\cdots$	存在 (exist)
$\equiv$	$\cdots$	論理的同値 (equivalent)

$\neg P$ は，命題 P の否定を主張する命題である.

P, Q をそれぞれ命題とするとき，$P \wedge Q$ は，２つの命題 P, Q がともに真であることを主張する命題であり，$P \vee Q$ は，P, Q のうち少なくとも一方は正しい（両方とも正しくてもよい）ことを主張する命題である．

$P \wedge Q$ を否定するということは，「P と Q がともに正しい」という命題が偽であること，つまり P と Q の少なくとも一方は偽であるという主張である．したがって次のような論理的恒等式が成立する．

$$\neg(P \wedge Q) \equiv ((\neg P) \vee (\neg Q))$$

また $P \vee Q$ を否定するということは「P，Q のうち少なくとも一方は正しい」ということが偽であることを主張することであるので，P, Q ともに偽であることになる．したがって，

$$\neg(P \vee Q) \equiv ((\neg P) \wedge (\neg Q)).$$

これらの法則を**ド・モルガン（de Morgan）の法則**という．

科学では特定の対象について述べた命題はあまり意味がなく，ある程度一般的な事柄について述べた命題に価値がある．例えば「正の整数は有限個の素数の積として表わされる.」という命題は,「正の整数」という複数の対象について述べている．そこでこのような命題を記述するために命題変数というものが使われる．例えば「x は正の整数である.」という命題を $P(x)$ で,「x は有限個の素数の積として表わされる」という命題を $M(x)$ で表わすことにすれば,「正の整数は有限個の素数の積として表わされる」という命題は,

$$P(x) \Rightarrow Q(x)$$

と表わされる．$\Rightarrow$ は，仮定 $P(x)$ の下で結論 $Q(x)$ が正しいことを意味しており，x は数という対象を表している．この x のように数学的な対象を表わす記号を**命題変数**と呼ぶ．

ある集合 A があるとして，集合 A の任意の元 x について命題 $P(x)$ が真であることを主張する命題は

$$(\forall x \in A)(P(x))$$

と表わされる．また，集合 A の元で命題 $P(x)$ が真となるようなものが少なくとも１つ存在することを主張する命題は

$$(\exists x \in A)(P(x))$$

と表わされる．例えば，この本の読者全体を R，人間 x について「x は大学生である」という命題を $S(x)$ で表わすことにするならば，

$$(\forall x \in R)(S(x))$$

という式は，この本の読者はみな大学生であることを主張している（多分この命題は偽であろう）．

この命題が偽であるということは，この本の読者の中には大学生でない人が少なくとも1人存在することを意味する．だから，

$$\neg((\forall x \in R)(S(x))) \equiv (\exists x \in R)(\neg S(x))$$

となる．同様に，

$$\neg((\exists x \in R)(S(x))) \equiv (\forall x \in R)(\neg S(x))$$

である．このように，全称記号 $\forall$ または存在記号 $\exists$ を含む命題を否定すると $\forall$ は $\exists$ に，$\exists$ は $\forall$ に変わる．これらの法則もまた**ド・モルガン（de Morgan）の法則**といわれる．

$$A(x) \Rightarrow B(x)$$

という式は，$A(x)$ が成立するならば必ず $B(x)$ が成立するということである．

命題が「A ならば B」という形で与えられたとき，A をこの命題の**仮定**，B を**結論**という．

「正の整数は有限個の素数の積である.」という命題においては,「x は正の整数である.」が仮定で,「x は有限個の素数の積である.」が結論である.

「A ならば B」という命題 P に対して，

「$\neg A$ ならば $\neg B$」

という命題を P の**裏**といい，

「B ならば A」

という命題を P の**逆**という．また，P の逆の裏（裏の逆）

「$\neg B$ ならば $\neg A$」

を P の**対偶**という．命題 P が真であってもその裏が真とは限らないし，逆も真とは限らない．しかし，P とその対偶とは常に同値である．

例 3　実数 x についての命題 G：「もし $x > 10$ ならば $x > 1$ である.」（真）

G の逆：「もし $x > 1$ ならば $x > 10$ である.」（偽）
G の裏：「もし $x \leq 10$ ならば $x \leq 1$ である.」（偽）
G の対偶：「もし $x \leq 1$ ならば $x \leq 10$ である.」（真）

「A ならば B」ということは, A が成り立てば必ず B が成り立つということである. いいかえれば, A であってかつ B でないことは絶対にない, ということであるから,

$$(A \Rightarrow B) \equiv (\neg(A \wedge (\neg B)))$$

である.

$$\neg(A \wedge (\neg B)) \equiv ((\neg A) \vee (\neg(\neg(B))) \equiv ((\neg A) \vee B)$$
$$\equiv (\neg(\neg B)) \vee (\neg A)) \equiv ((\neg B) \Rightarrow (\neg A))$$

により,「A ならば B」という命題は

「B でなければ A でない」

という対偶命題と論理的に同値であることがわかる.

公理と証明　数学の出発点となるのは**公理**である. 数学において正しいと主張される命題は証明されねばならないが, その証明のためにもある規則とか前提条件が使われるわけであるから, その規則や前提条件がまず証明されねばならない. このようなことを繰り返すならば, 結局何も証明できないことになる. この悪循環を断つために, これだけは絶対に正しいものとしよう, という約束を公理という. 例えば「$1 + 1 = 2$」とか「1 は 0 より大きい」といったことは公理である. 数学とは, 有限個の与えられた公理から認められた推論規則のみを用いて正しい命題を導くプロセスの総称であり, このプロセスを**証明**という.

数学では，真である命題の中で重要なものを「定理」「命題」「系」「補題」といった名称で呼ぶ.「補題」(lemma) は何か定理を証明するための道具として述べられる命題であって，一種の定理である.「系」(corollary) はある定理の論理的帰結として比較的容易に導かれる定理のことである．上の説明によれば命題には真であるものも偽であるものもあるわけであるが，わざわざ偽の命題を述べる必要はないので，通常は真である命題を定理に準ずるものとして考える.「定理」(theorem) と「命題」(proposition) の区別は定かでないが，通常はより普遍的で価値が高いと思われるものを「定理」と称し,「命題」は定理ほど普遍的でないものをさすことが多い.

背理法　A という仮定のもとに B が成立することを示したいとき，A と同時に B の否定 $\neg B$ を仮定して矛盾を導く証明法を**背理法**という．A と $\neg B$ を仮定して矛盾が生じるということは

$$A \wedge (\neg B)$$

が偽であり，つまり

$$\neg(A \wedge (\neg B))$$

が真であるということである.

$$\neg(A \wedge (\neg B)) \equiv ((\neg A) \vee B)$$

であるから，$A \Rightarrow B$ が正しいことになる.

論理的同値　命題 P が真のとき必ず命題 Q が真で，また命題 Q が真のとき必ず命題 P が真であるとき，P と Q は**同値**であるという．3つ以上の命題 $P_1, P_2, \cdots, P_n$ についても，P_i と P_j $(1 \leq i,\ j \leq n)$ が同値のとき，$P_1, P_2, \cdots, P_n$ は互いに同値であるという．例えば3つの命題 P, Q, R について，$P \Rightarrow Q$，$Q \Rightarrow R$，$R \Rightarrow P$ が示されれば，P, Q, R は互いに同値である.

❏ **問題 1.2.1**　次の命題の否定を述べなさい.

(1) この本の著者は金持ちで美男である.

(2) x_1, x_2, x_3 はすべて 1 である.

(3) 方程式 $f(x) = 0$ の解は $x = 0$ のみである.

❏ **問題 1.2.2**　次の命題の対偶を述べなさい.

(1) x が 100 より大きい数であれば，x は 10 より大きい.

(2) x が方程式 $x^2 - 2x - 3 = 0$ の解であるならば，$x = -1$ または $x = 3$ である.

1.3　平面と空間のベクトル

平面　0 および正負の数全体を**実数**という．実数は数直線上の点として表わされる．

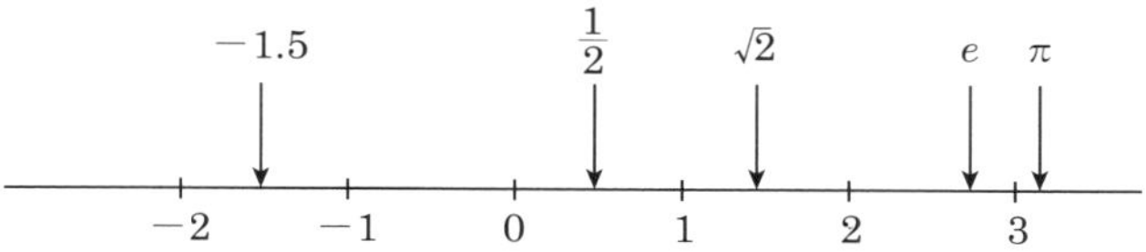

1，2，3 のように 1 を何度か加えることによって得られる数を**自然数**という．0 および 自然数とその -1 倍を**整数**という．

整数および $\frac{1}{2}$, $-\frac{2}{5}$ のように整数を整数で割った値として表わされる数を**有理数**という．有理数でない実数のことを**無理数**という．

実数 a に対して，

$$|a| = \begin{cases} a & (a \geq 0) \\ -a & (a < 0) \end{cases}$$

によって定義される値 $|a|$ を a の**絶対値**という．

平面は空間の一部分であるから，順序としてまず平面を考えよう．平面において互いに直交する２本の数直線を固定する．この交点を O とし，これを**原点**という．この２本の直線をそれぞれ x 軸，y 軸という．

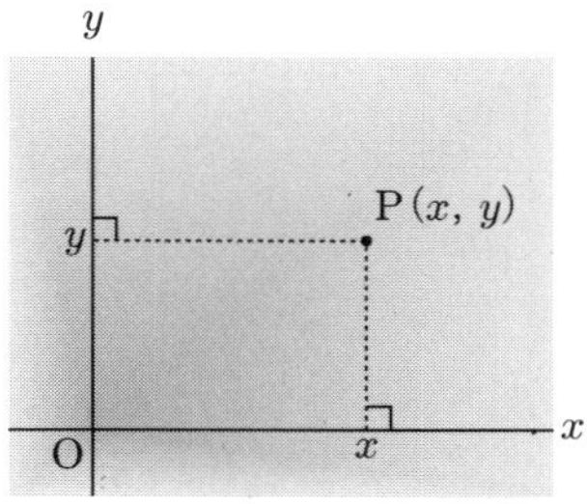

通常，図のように x 軸の正の方向からみて y 軸の正の方向が反時計回りになるようにとる．平面上に１点 P があるとする．点 P から x 軸と y 軸にそれぞれ垂線を下ろし，その足の x 軸，y 軸上の座標をそれぞれ x, y とする．

点 P の位置はこの2つの実数の組 (x, y) で表わされる．これを**平面座標**という．

平面に2点 P，Q があるとして，それぞれの座標を P (x_1, y_1)，Q (x_2, y_2) とすると，ピタゴラスの定理によって，P と Q の距離 $d(\mathrm{P}, \mathrm{Q})$ は

$$d(\mathrm{P}, \mathrm{Q}) = \sqrt{(x_1 - x_2)^2 + (y_1 - y_2)^2}$$

で与えられる．

次に空間の座標を考える．空間の1点 O において互いに直交する3本の直線を固定し，下図のように x 軸，y 軸，z 軸とする．

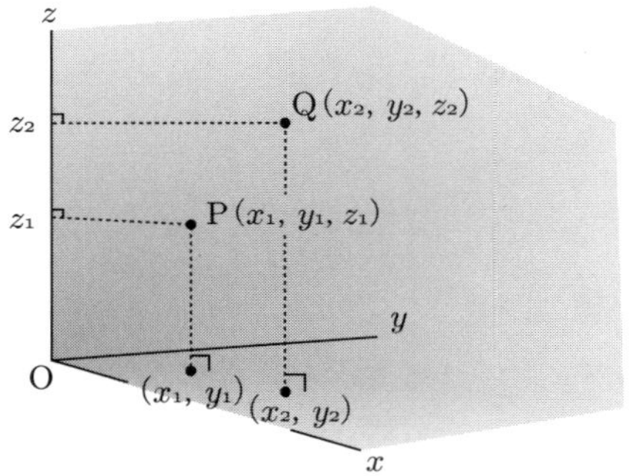

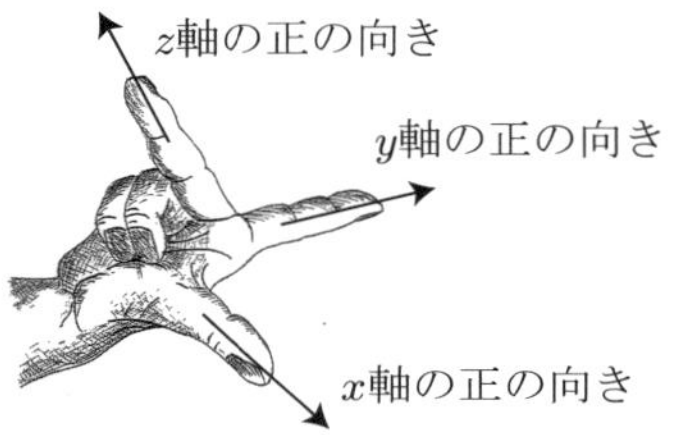

このとき，通常は図のように x 軸の正の向きが右手の親指のさす方向，y 軸の正の向きが右手の人差指のさす方向とすれば z 軸の正の向きは右手の中指のさす方向になるようにとる．このような向きの関係にあるとき，x 軸，y 軸，z 軸は**右手系**であるという．もしこれが左手で対応する関係にあるときは**左手系**という．O を**原点**という．

空間に1点 P があるとする．P から xy 平面に垂線を下ろし，その足の xy 平面における座標を (x, y) とする．また P から z 軸に垂線を下ろし，その足の z 軸における座標を z とする．このようにすれば，点 P の位置は3つの実数の組 (x, y, z) で表わされる．これを**空間座標**という．

数学においては，「空間」という言葉は少なくとも2通りの意味で使われる．広義で

使われるときは,「集合」というのとほぼ同じ意味である．後に述べる「線形空間」とか「部分空間」というときは，この意味である．

これに対して，狭義で使われるときには，平面に対する「立体的な空間」をさす．

この章でいう空間とはこの狭義の空間のことである．

空間に２点 P，Q があるとする．P，Q を結ぶ線分を**線分** PQ という．線分 PQ を平行移動するとは，下図のように四角形 $PP'Q'Q$ が平行四辺形となるように線分 PQ を線分 $P'Q'$ に移動することである．

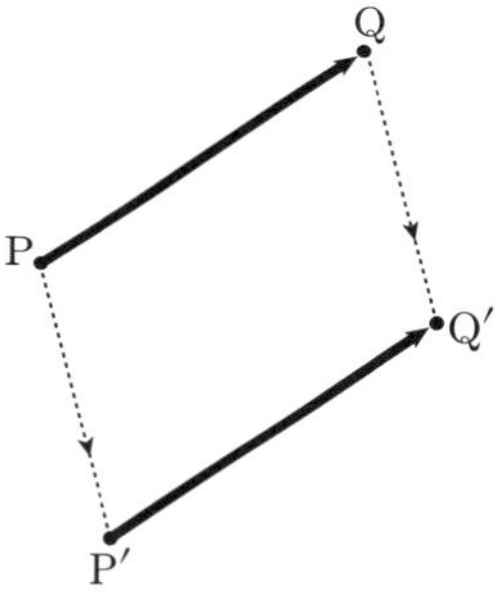

空間に２点 P, Q があるとし，線分 PQ に向きをつける．例えば P から Q へ向かう向きをつけたとする．このような向きのついた線分を**有向線分**といい，$(P \triangleright Q)$ で表わすことにする．P を $(P \triangleright Q)$ の**始点**，Q を $(P \triangleright Q)$ の**終点**という．$(P \triangleright Q)$ と $(Q \triangleright P)$ とは有向線分としては異なる．

２つの有向線分 $(P \triangleright Q)$，$(P' \triangleright Q')$ があるとする．平行移動によって $(P \triangleright Q)$ を $(P' \triangleright Q')$ に（向きを含めて）重ね合わせることができるときに

$$(P \triangleright Q) \sim (P' \triangleright Q')$$

と書き表わすことにする．この関係 $\sim$ は次の３つの性質をもつ．

(1)　$(P \triangleright Q) \sim (P \triangleright Q)$
(2)　もし $(P \triangleright Q) \sim (P' \triangleright Q')$ ならば $(P' \triangleright Q') \sim (P \triangleright Q)$
(3)　もし $(P \triangleright Q) \sim (P' \triangleright Q')$ かつ $(P' \triangleright Q') \sim (P'' \triangleright Q'')$ ならば $(P \triangleright Q) \sim (P'' \triangleright Q'')$

(1) の性質を**反射律**，(2) の性質を**対称律**，(3) の性質を**推移律**という．

一般に，ある集合 S において関係 $\sim$ が定義されていて，それが上記の3つの性質をもつとき，これを**同値関係**という．

集合 S 上で定義された同値関係があれば，これによって S を分類することができる．a を集合 S の1つの元とし，a と $a \sim a'$ という関係にある元 a' の全体を考えよう．このような元全体を a の**同値類**という．下図のように S 全体を同値類に分けることができる．

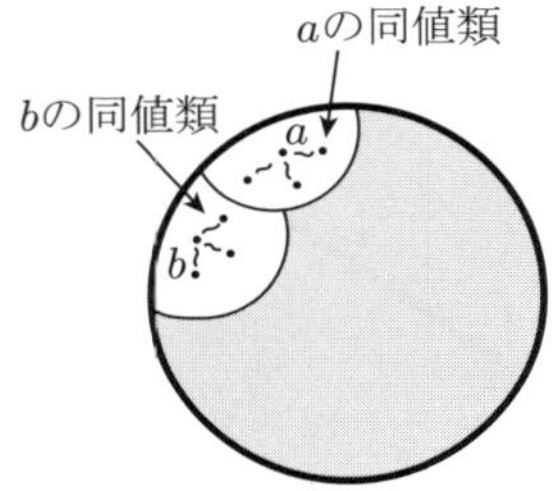

空間ベクトル　空間の有向線分全体からなる集合を D とすれば，上述の関係 $\sim$ は D における同値関係であり，これによって D を同値類に分けることができる．そこで，有向線分 $(\mathrm{P} \rhd \mathrm{Q})$ に対して，その同値類を $\overrightarrow{\mathrm{PQ}}$ と書くことにし，これを**空間ベクトル**と呼ぶ．すなわち，空間ベクトルとは空間の有向線分の同値類のことである．

いま，$\overrightarrow{\mathrm{PQ}}$ を1つの空間ベクトルとしよう．すなわち，$\overrightarrow{\mathrm{PQ}}$ は1つの有向線分 $(\mathrm{P} \rhd \mathrm{Q})$ の同値類である．有向線分 $(\mathrm{P} \rhd \mathrm{Q})$ を平行移動して，始点を原点としたとき，終点が R であったとする．

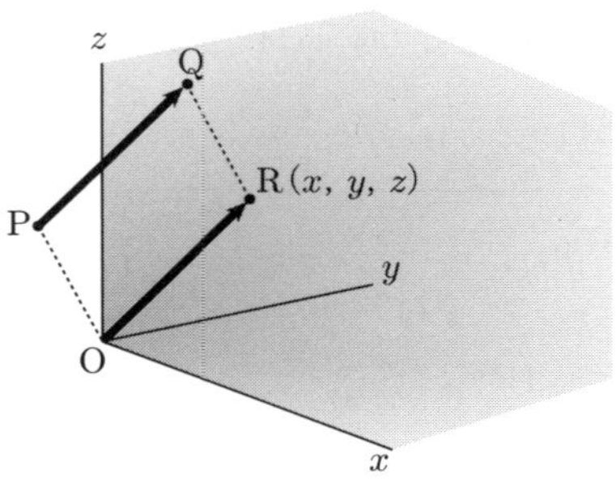

点 R の座標を (x, y, z) とすると，$\overrightarrow{\mathrm{PQ}} = \overrightarrow{\mathrm{OR}}$ は R の座標によって決まるという意味で

$$\overrightarrow{\mathrm{PQ}} = \begin{bmatrix} x \\ y \\ z \end{bmatrix}$$

と表わすことができる．これを，ベクトルの**成分表示**という．

空間に２点 A，B があって，それぞれの座標が $\mathrm{A}(a_1, a_2, a_3)$，$\mathrm{B}(b_1, b_2, b_3)$ で与えられているとする．

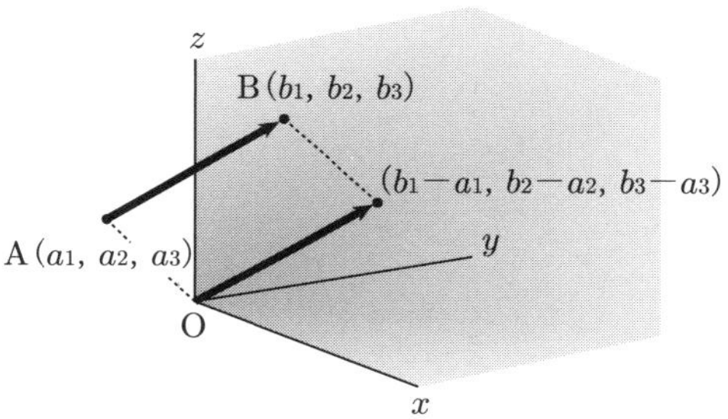

点 A を原点に移す平行移動によって点 B は点 $(b_1 - a_1, b_2 - a_2, b_3 - a_3)$ に移されるから，

$$\overrightarrow{\mathrm{AB}} = \begin{bmatrix} b_1 - a_1 \\ b_2 - a_2 \\ b_3 - a_3 \end{bmatrix}$$

となる．

実数 t $(0 \leq t \leq 1)$ に対して，線分 AB を $t : (1-t)$ に内分する点を P とすると，

$$\overrightarrow{\mathrm{AP}} = t\ \overrightarrow{\mathrm{AB}}, \quad \overrightarrow{\mathrm{AB}} = \overrightarrow{\mathrm{OB}} - \overrightarrow{\mathrm{OA}}$$

より，

$$\begin{aligned}\overrightarrow{\mathrm{OP}} &= \overrightarrow{\mathrm{OA}} + \overrightarrow{\mathrm{AP}} = \overrightarrow{\mathrm{OA}} + t\ \overrightarrow{\mathrm{AB}} \\ &= \overrightarrow{\mathrm{OA}} + t\,(\overrightarrow{\mathrm{OB}} - \overrightarrow{\mathrm{OA}}) = (1-t)\ \overrightarrow{\mathrm{OA}} + t\ \overrightarrow{\mathrm{OB}}\end{aligned}$$

となる．P$(x,\ y,\ z)$ としてこれを成分で表わすと，

$$\begin{bmatrix} x \\ y \\ z \end{bmatrix} = (1-t)\begin{bmatrix} a_1 \\ a_2 \\ a_3 \end{bmatrix} + t\begin{bmatrix} b_1 \\ b_2 \\ b_3 \end{bmatrix}$$

より

$$\begin{cases} x = (1-t)a_1 + tb_1, \\ y = (1-t)a_2 + tb_2, \\ z = (1-t)a_3 + tb_3 \end{cases}$$

となる．

❏ **問題 1.3.1** 空間の２点 A(4, 0, − 5)，B(3, 2, 7) について，$\overrightarrow{\mathrm{AB}}$，$\overrightarrow{\mathrm{BA}}$ をそれぞれ成分表示しなさい．また，線分 AB を 4 : 3 に内分する点 P の座標を求めなさい．

以下においては，ベクトルは $\boldsymbol{a},\ \boldsymbol{b},\ \boldsymbol{c}, \cdots,\ \boldsymbol{x},\ \boldsymbol{y},\ \boldsymbol{z}, \cdots$ といった記号で，通常の数は $a,\ b,\ c,\ \cdots,\ \alpha,\ \beta,\ \gamma,\ \cdots$ といった記号で表わすことにする．

ベクトルの**長さ**（norm）を $\|\boldsymbol{a}\|$ で表わす．$\boldsymbol{a} = \begin{bmatrix} x \\ y \\ z \end{bmatrix}$ の長さは $\|\boldsymbol{a}\| = \sqrt{x^2+y^2+z^2}$ である．

長さ 0 のベクトルを**零ベクトル**といい，$\mathbf{0}$ で表わす．

長さが 1 のベクトルを**単位ベクトル**という．空間においては，各座標軸上に標準的な単位ベクトル

$$\boldsymbol{e}_1 = \begin{bmatrix} 1 \\ 0 \\ 0 \end{bmatrix},\quad \boldsymbol{e}_2 = \begin{bmatrix} 0 \\ 1 \\ 0 \end{bmatrix},\quad \boldsymbol{e}_3 = \begin{bmatrix} 0 \\ 0 \\ 1 \end{bmatrix}$$

がある．

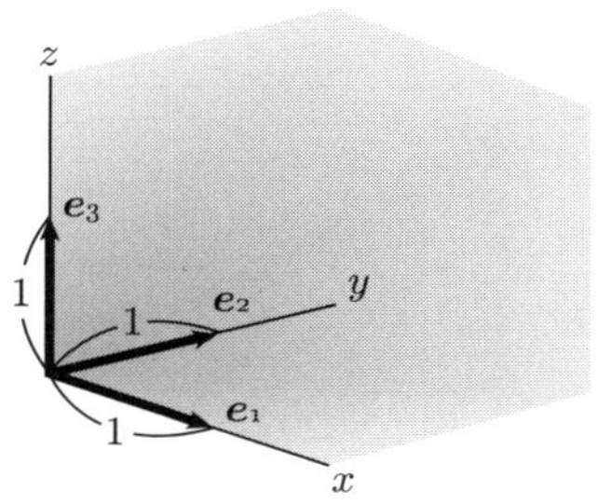

❏ **問題 1.3.2**　$\boldsymbol{a} = \begin{bmatrix} 5 \\ -1 \\ 0 \end{bmatrix}$, $\boldsymbol{b} = \begin{bmatrix} 4 \\ 1 \\ -3 \end{bmatrix}$ について

$$\|\boldsymbol{a} + t\boldsymbol{b}\| = 3\sqrt{6}$$

となるように実数 t を定めなさい.

内積　２つの空間ベクトル $\boldsymbol{a}, \boldsymbol{b}$ に対して，その間の角を θ とするとき，

$$\|\boldsymbol{a}\| \cdot \|\boldsymbol{b}\| \cdot \cos\theta$$

を $(\boldsymbol{a}, \boldsymbol{b})$ と表わし，$\boldsymbol{a}$ と $\boldsymbol{b}$ の**内積**という.

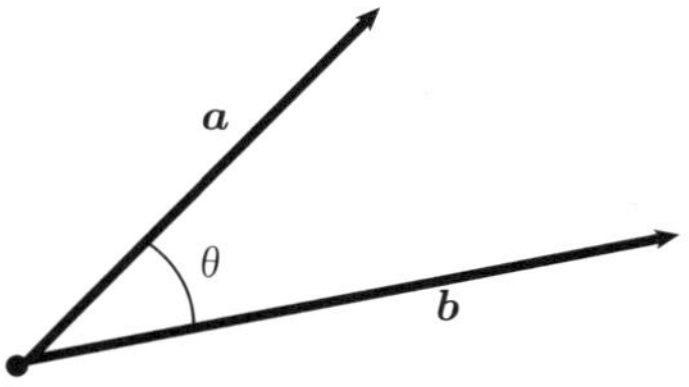

内積については次のような性質がある.

(1) $(\boldsymbol{a}_1 + \boldsymbol{a}_2, \boldsymbol{b}) = (\boldsymbol{a}_1, \boldsymbol{b}) + (\boldsymbol{a}_2, \boldsymbol{b})$

(2) $(\boldsymbol{a}, \boldsymbol{b}_1 + \boldsymbol{b}_2) = (\boldsymbol{a}, \boldsymbol{b}_1) + (\boldsymbol{a}, \boldsymbol{b}_2)$

(3) $(k\boldsymbol{a}, \boldsymbol{b}) = (\boldsymbol{a}, k\boldsymbol{b}) = k(\boldsymbol{a}, \boldsymbol{b})$ (k は定数)

(4) $(\boldsymbol{a}, \boldsymbol{b}) = (\boldsymbol{b}, \boldsymbol{a})$

(5) 常に $(\boldsymbol{a}, \boldsymbol{a}) \geq 0$, また $(\boldsymbol{a}, \boldsymbol{a}) = 0$ となるのは $\boldsymbol{a} = \boldsymbol{0}$ のときに限る

特に, 内積 $(\boldsymbol{a}, \boldsymbol{b})$ が 0 になるのは, $\boldsymbol{a}, \boldsymbol{b}$ のうち少なくとも一方が $\boldsymbol{0}$ であるか, または間の角 θ が $\pm\pi/2(= 90°)$ に等しい場合である. このときに $\boldsymbol{a}$ と $\boldsymbol{b}$ は**直交する**という.

三角形の第二余弦定理により,

$$\boldsymbol{a} = \begin{bmatrix} a_1 \\ a_2 \\ a_3 \end{bmatrix}, \quad \boldsymbol{b} = \begin{bmatrix} b_1 \\ b_2 \\ b_3 \end{bmatrix}$$

ならば, 内積は次のようになる.

$$(\boldsymbol{a}, \boldsymbol{b}) = a_1 b_1 + a_2 b_2 + a_3 b_3$$

❏ **問題 1.3.3** $\boldsymbol{a} = \begin{bmatrix} 1 \\ 0 \\ -1 \end{bmatrix}$, $\boldsymbol{b} = \begin{bmatrix} 1 \\ 1 \\ 0 \end{bmatrix}$ について内積 $(\boldsymbol{a}, \boldsymbol{b})$ と, $\boldsymbol{a}$, $\boldsymbol{b}$ の間の角度を求めなさい.

平面の方程式 内積を使って平面の方程式を表わすことができる. 空間に平面 H があるとする. 原点 O から平面 H に垂線を下ろし, その足 (垂線が H と交わる点) を $\mathrm{A}(a_1, a_2, a_3)$ とする. 平面 H 上に任意の点 $\mathrm{P}(x, y, z)$ をとる.

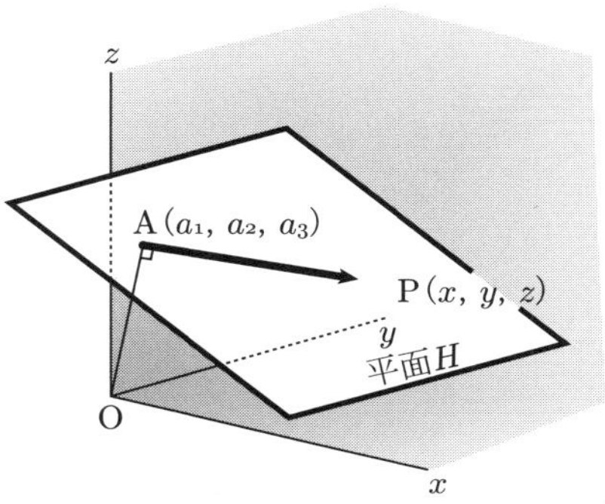

$$\overrightarrow{AP} = \begin{bmatrix} x - a_1 \\ y - a_2 \\ z - a_3 \end{bmatrix} \text{ は } \overrightarrow{OA} = \begin{bmatrix} a_1 \\ a_2 \\ a_3 \end{bmatrix} \text{ と直交するから,}$$

$$0 = (\overrightarrow{OA}, \overrightarrow{AP}) = a_1(x - a_1) + a_2(y - a_2) + a_3(z - a_3)$$

より，$a_1x + a_2y + a_3z = a_1^2 + a_2^2 + a_3^2$. ここで $a_1^2 + a_2^2 + a_3^2 = g$ とおけば，方程式

$$a_1x + a_2y + a_3z - g = 0$$

を得る．これが平面 H の方程式である．平面 H に垂直なベクトル $\boldsymbol{a} = \begin{bmatrix} a_1 \\ a_2 \\ a_3 \end{bmatrix}$ を平面 H の**法線ベクトル**という．ベクトル $\boldsymbol{a}$ が平面 H に垂直ならば $\boldsymbol{a}$ の 0 でない定数倍もまた平面 H に垂直であるから $c\boldsymbol{a}$ の形のベクトル（c は 0 でない定数）はすべて H の法線ベクトルである．

❏ **問題 1.3.4**　点 A $(1, -2, -3)$ を含み $\boldsymbol{a} = \begin{bmatrix} -1 \\ 4 \\ 2 \end{bmatrix}$ を法線ベクトルとする平面の方程式を求めなさい．

❏ **問題 1.3.5**　平面 $5x + z = 1$ の法線ベクトルで長さ 1 のものを求めなさい．

直線の方程式 空間において，定点 $\mathrm{C}(c_1, c_2, c_3)$を通りベクトル $\boldsymbol{a} = \begin{bmatrix} a_1 \\ a_2 \\ a_3 \end{bmatrix}$ に平行な直線 l の方程式を求める.

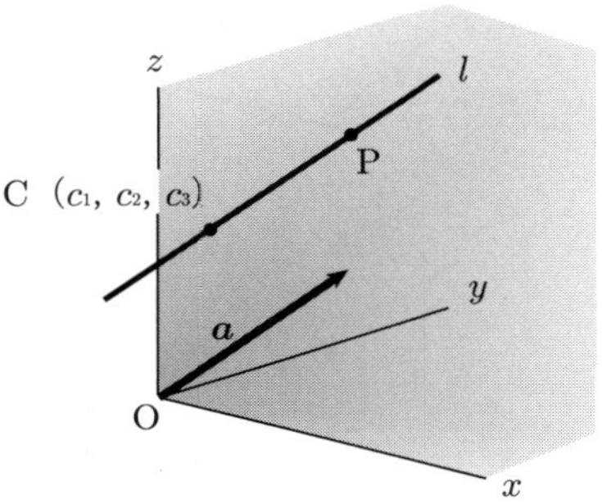

この直線 l 上の任意の点を $\mathrm{P}(x, y, z)$ とすると，$\overrightarrow{\mathrm{CP}} = t\boldsymbol{a}$ となる実数 t がある．成分表示すると，

$$\begin{bmatrix} x - c_1 \\ y - c_2 \\ z - c_3 \end{bmatrix} = t \begin{bmatrix} a_1 \\ a_2 \\ a_3 \end{bmatrix},$$

よって

$$\begin{cases} x = c_1 + ta_1 \\ y = c_2 + ta_2 \\ z = c_3 + ta_3 \end{cases} \tag{1.1}$$

(t は補助変数) となる．これはまた補助変数を消去して

$$\frac{x - c_1}{a_1} = \frac{y - c_2}{a_2} = \frac{z - c_3}{a_3} \tag{1.2}$$

と表わすこともできる．ただし，例えば $a_1 = 0$ の場合は

$$x = c_1, \quad \frac{y - c_2}{a_2} = \frac{z - c_3}{a_3}$$

(平面 $x = c_1$ と平面 $\dfrac{y - c_2}{a_2} = \dfrac{z - c_3}{a_3}$ の交線）と解するものとする.

❏ **問題 1.3.6**

(1)　空間において，直線 $l : 1 - x = y = \dfrac{z+3}{-2}$ と直線 $m : \dfrac{x+2}{3} = -y + 1 = \dfrac{z+5}{2}$ は 1 点で交わることを示しなさい.

(2)　上の l, m の２直線を含む平面の方程式を求めなさい.

❏ **問題 1.3.7**

(1)　点 $(-1, 3, 2)$ を通ってベクトル $\boldsymbol{a} = \begin{bmatrix} 5 \\ 0 \\ -1 \end{bmatrix}$ に平行な直線の方程式を (1.1) 式と (1.2) 式の形で書き表わしなさい.

(2)　平面 $x + y - 3z = 0$ と平面 $2x + z = 1$ の交線の方程式を (1.1) 式と (1.2) 式の形で書き表わしなさい.

外積　２つの空間ベクトル $\boldsymbol{a}, \boldsymbol{b}$ があるとき，下図左の平行四辺形を $\boldsymbol{a}, \boldsymbol{b}$ で**張られる平行四辺形**という.

「張られる」というのは次のような意味である．t_1, t_2 を $0 \leq t_1, t_2 \leq 1$ である実数とする．$t_1\boldsymbol{a}$ は下図右のように $\boldsymbol{a}$ と同一直線上にあって $\boldsymbol{a}$ より短い（または同じ）ベクトルであり，$t_2\boldsymbol{b}$ は $\boldsymbol{b}$ と同一直線上にあって $\boldsymbol{b}$ より短い（または同じ）ベクトルである．したがって $t_1\boldsymbol{a} + t_2\boldsymbol{b}$ は始点が O であれば終点は下図右の $\boldsymbol{a}, \boldsymbol{b}$ を２辺とする平行四辺形の内部（または周上）にある.

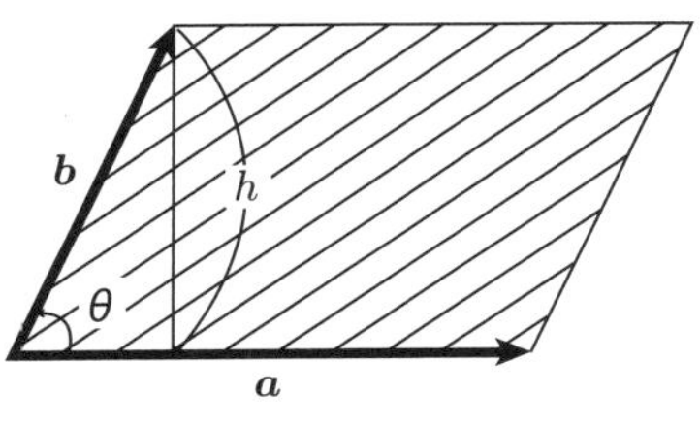

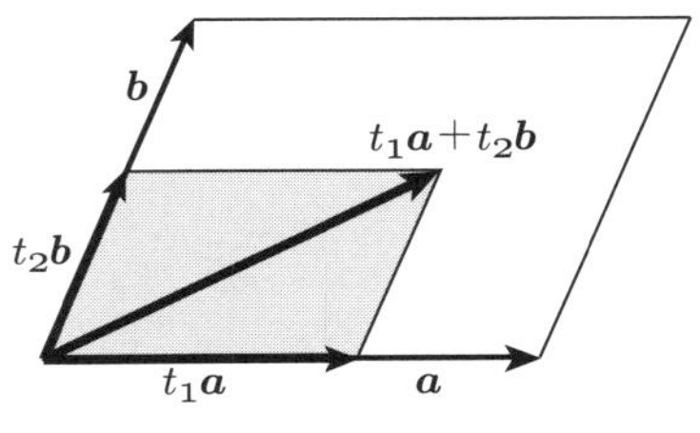

この平行四辺形の面積 S を求めよう．図より

$$S = \|\boldsymbol{a}\| \cdot h$$
$$= \|\boldsymbol{a}\| \cdot \|\boldsymbol{b}\| \cdot \sin\theta$$

であるから，

$$\begin{aligned} S^2 &= \|\boldsymbol{a}\|^2 \cdot \|\boldsymbol{b}\|^2 \cdot \sin^2\theta \\ &= \|\boldsymbol{a}\|^2 \cdot \|\boldsymbol{b}\|^2 \cdot (1 - \cos^2\theta) \\ &= (\|\boldsymbol{a}\| \cdot \|\boldsymbol{b}\|)^2 - (\boldsymbol{a}, \boldsymbol{b})^2, \end{aligned}$$

したがって

$$S = \sqrt{\|\boldsymbol{a}\|^2 \cdot \|\boldsymbol{b}\|^2 - (\boldsymbol{a}, \boldsymbol{b})^2}$$

となる．

２つの空間ベクトル $\boldsymbol{a}, \boldsymbol{b}$ が同一直線上にあるのは，一方が他方の定数倍になっている場合である．

$\boldsymbol{a}, \boldsymbol{b}$ が同一直線上にない場合は，$\boldsymbol{a}, \boldsymbol{b}$ を含む平面が唯一存在する．このとき，次の条件 (i) ～ (iii) をみたす空間ベクトル $\boldsymbol{p}$ が唯一存在する．

(i) $\|\boldsymbol{p}\| = \sqrt{\|\boldsymbol{a}\|^2 \cdot \|\boldsymbol{b}\|^2 - (\boldsymbol{a}, \boldsymbol{b})^2}$
(ii) $\boldsymbol{p}$ は $\boldsymbol{a}$ と $\boldsymbol{b}$ の両方に直交する．
(iii) $\boldsymbol{a}$, $\boldsymbol{b}$, $\boldsymbol{p}$ は右手系である．

このベクトル $\boldsymbol{p}$ のことを

$$\boldsymbol{p} = \boldsymbol{a} \times \boldsymbol{b}$$

と表わし，$\boldsymbol{a}$ と $\boldsymbol{b}$ の**外積**という．$\boldsymbol{a}$, $\boldsymbol{b}$ が同一直線上にある場合は，

$$\boldsymbol{a} \times \boldsymbol{b} = \boldsymbol{0}$$

とする．

外積には次のような性質がある.

(1)　$(\boldsymbol{a}_1 + \boldsymbol{a}_2) \times \boldsymbol{b} = \boldsymbol{a}_1 \times \boldsymbol{b} + \boldsymbol{a}_2 \times \boldsymbol{b}$

(2)　$\boldsymbol{a} \times (\boldsymbol{b}_1 + \boldsymbol{b}_2) = \boldsymbol{a} \times \boldsymbol{b}_1 + \boldsymbol{a} \times \boldsymbol{b}_2$

(3)　$(c\boldsymbol{a}) \times \boldsymbol{b} = c(\boldsymbol{a} \times \boldsymbol{b})$

(4)　$\boldsymbol{a} \times (c\boldsymbol{b}) = c(\boldsymbol{a} \times \boldsymbol{b})$　(c は実数)

(5)　$\boldsymbol{a} \times \boldsymbol{b} = -\,\boldsymbol{b} \times \boldsymbol{a}$

外積の成分表示　２つの空間ベクトル $\boldsymbol{a}, \boldsymbol{b}$ が

$$\boldsymbol{a} = \begin{bmatrix} a_1 \\ a_2 \\ a_3 \end{bmatrix}, \quad \boldsymbol{b} = \begin{bmatrix} b_1 \\ b_2 \\ b_3 \end{bmatrix}$$

と成分表示されるとき，外積 $\boldsymbol{a} \times \boldsymbol{b}$ の成分表示は

$$\boldsymbol{a} \times \boldsymbol{b} = \begin{bmatrix} a_2b_3 - a_3b_2 \\ a_3b_1 - a_1b_3 \\ a_1b_2 - a_2b_1 \end{bmatrix} \tag{1.3}$$

となることを示す.

$\boldsymbol{a}$, $\boldsymbol{b}$ が同一直線上にある場合に (1.3) 式が成り立つことは容易にわかるので，$\boldsymbol{a}$, $\boldsymbol{b}$ は同一直線上にないと仮定する．(i)～(iii) をみたす空間ベクトル $\boldsymbol{p}$ は唯一であるから，(1.3) 式の右辺を $\boldsymbol{p}$ とおいて，$\boldsymbol{p}$ が (i)～(iii) をみたすことを示せばよい．まず,

$$\begin{aligned} \|\boldsymbol{p}\|^2 &= (a_2b_3 - a_3b_2)^2 + (a_3b_1 - a_1b_3)^2 + (a_1b_2 - a_2b_1)^2 \\ &= (a_1^2 + a_2^2 + a_3^2)(b_1^2 + b_2^2 + b_3^2) - (a_1b_1 + a_2b_2 + a_3b_3)^2 \\ &= \|\boldsymbol{a}\|^2\|\boldsymbol{b}\|^2 - (\boldsymbol{a}, \boldsymbol{b})^2. \end{aligned}$$

よって (i) がみたされる.

次に，(ii) が成り立つことをみる．

$$(\boldsymbol{p}, \boldsymbol{a}) = (a_2b_3 - a_3b_2)a_1 + (a_3b_1 - a_1b_3)a_2 + (a_1b_2 - a_2b_1)a_3 = 0,$$

したがって $\boldsymbol{p}$ と $\boldsymbol{a}$ とは直交する．同様に $\boldsymbol{p}$ と $\boldsymbol{b}$ も直交する．

最後に (iii) が成り立つことをみる．前に述べたように，空間には標準的な単位ベクトル $\boldsymbol{e}_1, \boldsymbol{e}_2, \boldsymbol{e}_3$ がある（p.14）．

まず，$\boldsymbol{a} = \boldsymbol{e}_1$，$\boldsymbol{b} = \boldsymbol{e}_2$ の場合について考えると，

$$\boldsymbol{p} = \begin{bmatrix} 0-0 \\ 0-0 \\ 1\cdot 1-0 \end{bmatrix} = \begin{bmatrix} 0 \\ 0 \\ 1 \end{bmatrix} = \boldsymbol{e}_3.$$

はじめに x 軸，y 軸，z 軸が右手系となるようにとってあるのだから，この場合 $\boldsymbol{a}$，$\boldsymbol{b}$，$\boldsymbol{p}$ は確かに右手系である．

次に，一般の位置にある

$$\boldsymbol{a}_0 = \begin{bmatrix} a_1 \\ a_2 \\ a_3 \end{bmatrix}, \quad \boldsymbol{b}_0 = \begin{bmatrix} b_1 \\ b_2 \\ b_3 \end{bmatrix}$$

と

$$\begin{bmatrix} a_2b_3 - a_3b_2 \\ a_3b_1 - a_1b_3 \\ a_1b_2 - a_2b_1 \end{bmatrix} = \boldsymbol{p}_0$$

で与えられる $\boldsymbol{a}_0$，$\boldsymbol{b}_0$，$\boldsymbol{p}_0$ が右手系であることを示す．ベクトルの対 $(\boldsymbol{a}, \boldsymbol{b})$ が，

$$\boldsymbol{a} = \boldsymbol{e}_1, \quad \boldsymbol{b} = \boldsymbol{e}_2$$

の状態からスタートして，一般の位置にある $\boldsymbol{a}_0$，$\boldsymbol{b}_0$ まで，連続的に，かつ，途中のいかなる瞬間においても，$\boldsymbol{a}$，$\boldsymbol{b}$ が同一直線上 に並ぶことのないように空間を移動するものと想像する（最初の状態（(1) 図）の $\boldsymbol{e}_1$，$\boldsymbol{e}_2$ は同一直線上にない．また仮定により最後の状態（(2) 図）の $\boldsymbol{a}_0$，$\boldsymbol{b}_0$ も同一直線上にないからこのようなことは可能である）．

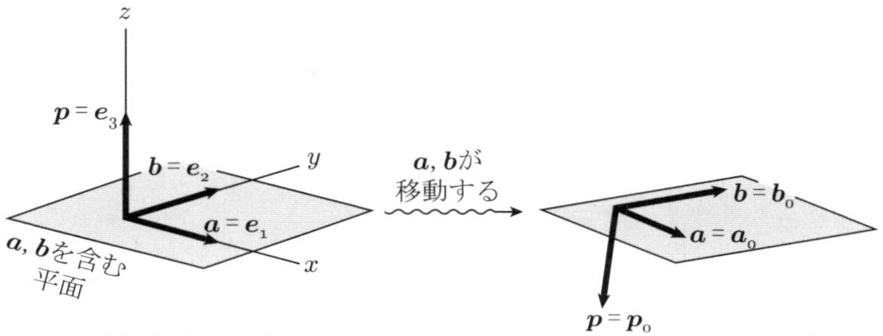

（1）最初の状態　　　（2）最後の状態

最初の状態で $\boldsymbol{e}_1$, $\boldsymbol{e}_2$, $\boldsymbol{e}_3$ が右手系であることは上にみた通りである．最後の状態で $\boldsymbol{a}_0$, $\boldsymbol{b}_0$, $\boldsymbol{p}_0$ が右手系であるか左手系であるかであるが，仮に最後の状態が左手系であるとすると，ベクトルの対 $(\boldsymbol{a},\ \boldsymbol{b})$ が最初の状態から最後の状態に移行する間に，右手系から左手系にかわったことになる．２つのベクトル $\boldsymbol{a}$, $\boldsymbol{b}$ ののっている平面（これは $\boldsymbol{a}$, $\boldsymbol{b}$ が運動するにしたがって空間を移動する）上に立ってこの様子を観察すると，最初の状態では (1) 図のように手前に向いた $\boldsymbol{a}$ と右を向いた $\boldsymbol{b}$ に対して $\boldsymbol{p}$ は上を向いているが，最後の状態 (2) 図では相対的に $\boldsymbol{p}$ が下向きになっているということである．$(\boldsymbol{a},\ \boldsymbol{b})$ の変化は連続的であり，$\boldsymbol{p}$ の成分は $\boldsymbol{a}$, $\boldsymbol{b}$ の成分の多項式であるから，突然 $\boldsymbol{p}$ が向きをかえたり長さをかえたりすることはなく，このような変化は連続的である．したがって途中で $\boldsymbol{p}=\boldsymbol{0}$ となる瞬間がある（厳密にいえばこれは解析学の「中間値の定理」による）．ところがどの瞬間においても $\boldsymbol{p}$ の長さは $\boldsymbol{a}$ と $\boldsymbol{b}$ で張られる平行四辺形の面積に等しく，仮定（$\boldsymbol{a}, \boldsymbol{b}$ が同一直線上に並ぶことはない）によりこれは 0 となることはないのであるからこれは矛盾である．よって，最初の状態で $\boldsymbol{a}$, $\boldsymbol{b}$, $\boldsymbol{p}$ が右手系であったものならば，最後の状態

$$\boldsymbol{a}=\boldsymbol{a}_0,\quad \boldsymbol{b}=\boldsymbol{b}_0,\quad \boldsymbol{p}=\boldsymbol{p}_0$$

でも右手系であらねばならない．

通常みかける「中間値の定理」は次のようなものである．$f(x)$ は閉区間 $[a,\ b]$ で連続な関数とし，$f(a)<0$, $f(b)>0$ ならば，$a<c<b$ で $f(c)=0$ となる c が存在する．しかしこの中間値の定理はもっと一般的な形で述べることができる．状態に対

してある値を対応させる写像があって，状態の連続的な変化には対応する値も連続的に変化するものとする．最初の状態でその値が負で，最後の状態ではその値が正であるとすれば，途中で値が 0 となる状態を経由している．

この場合，図のように平面上にいる観測者からみて相対的に $\boldsymbol{a}$ が手前向き，$\boldsymbol{b}$ が相対的に右向きであるとき，$\boldsymbol{p}$ が上を向いている状態を負，下を向いている状態を正と考えると，最初負で最後に正になっているのであるから，途中で正でも負でもない状態，つまり $\boldsymbol{p}$ の長さが 0 となる瞬間があるといえる．

平行六面体の体積　空間に３つのベクトル $\boldsymbol{a}$, $\boldsymbol{b}$, $\boldsymbol{c}$ があるとする．このとき下図の３つの平行四辺形で囲まれた立体図形のことを $\boldsymbol{a}$, $\boldsymbol{b}$, $\boldsymbol{c}$ で**張られる平行六面体**という（「張られる」という言葉の意味は平行四辺形の場合と同様．$\boldsymbol{a}$, $\boldsymbol{b}$, $\boldsymbol{c}$ と共通の始点をもち，この平行六面体内に終点をもつ空間ベクトルは $t_1\boldsymbol{a}+t_2\boldsymbol{b}+t_3\boldsymbol{c}$ （$0 \leq t_1, t_2, t_3 \leq 1$）と表わされる）．

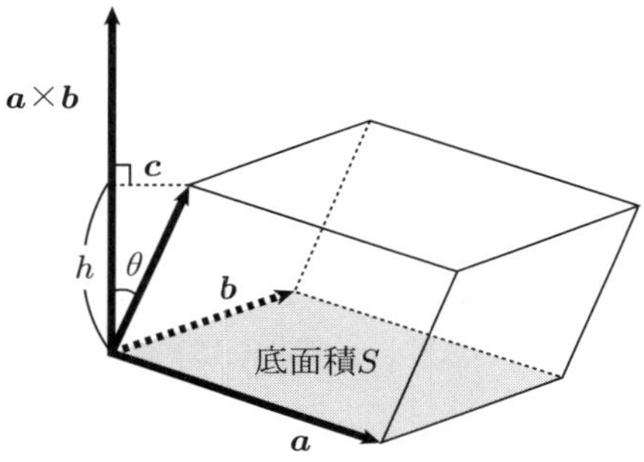

この平行六面体の体積を V とすると，V は底面積と高さの積であるから，

$$
\begin{aligned}
V &= S \cdot h \\
&= \|\boldsymbol{a}\times\boldsymbol{b}\| \cdot \|\boldsymbol{c}\| \cdot |\cos\theta| \\
&= |(\boldsymbol{a}\times\boldsymbol{b}, \boldsymbol{c})|
\end{aligned}
$$

となる．

❏ **問題 1.3.8**　$\boldsymbol{a} = \begin{bmatrix} 1 \\ -3 \\ 2 \end{bmatrix}$, $\boldsymbol{b} = \begin{bmatrix} -1 \\ 0 \\ -1 \end{bmatrix}$, $\boldsymbol{c} = \begin{bmatrix} -5 \\ -2 \\ -3 \end{bmatrix}$ で張られる平行六面体の体積を求めなさい．

著者が大学の授業において課した演習問題の答を教えて欲しいといって研究室に来る学生がよくある．勉学熱心である証拠であるからよいことなのであるが，著者のセンスからすれば，自分で正解に到達できたという信念がもてるまで勉強することが大切であって，答が合っているか否かなどということはどうでもよいと思う．このような学生の話をよく聞いてみると，質問の真意はむしろ「そもそも我々は何故このようなことを勉強しなければならないのか」，「一体学問とは何か」，もっといえば，「我々の人生とは何か」ということにあることが多い．

そこでこのような場合著者は，質問への直接の答の他に，次のような答もすることにしている．

君たちはいままで，「学問とは何か．」とか「人生とは何か．」という問題を考える必要がなかったのであろうが，これはまともな人間ならば一度は真剣に考えてみるべき大問題である．「人生とは何か」については問題が大き過ぎて，私にはわからない．しかし「学問とは何か」という問題については，諸々の現象についてその根源を考える精神作用のことである，と私は思っている．

知識は人間を豊かにする．問題や悩みに遭遇したときそれを解決できない人間は愚かであり，そのようなことの積み重ねが人間の苦しみの原因になる．その知識を与え，問題解決の道を教えるのが学問である．

1.4 複素数と複素平面

$$z = a + bi \qquad (a,\ b \text{ は実数},\ i = \sqrt{-1},\ i^2 = -1)$$

の形の数を**複素数**という．a を z の**実部** (real part) といい，b を z の**虚部** (imaginary part) という．

$z = a + bi$ においてもし $b = 0$ であれば $z = a$ となるから，複素数は実数を含んでいる．

ここで

$$i = \sqrt{-1}$$

は２乗すると -1 になるという仮想の数であり，**虚数単位**と呼ばれる．

２つの複素数 $z = a + bi$ と $z' = a' + b'i$ $(a,\ b,\ a',\ b'$ は実数) は

$$a = a' \quad \text{かつ} \quad b = b'$$

のときに限って等しいといい，$z = z'$ と書かれる．

実数が数直線上の点として表わされるのに対して，複素数は平面上の点として表わされる．

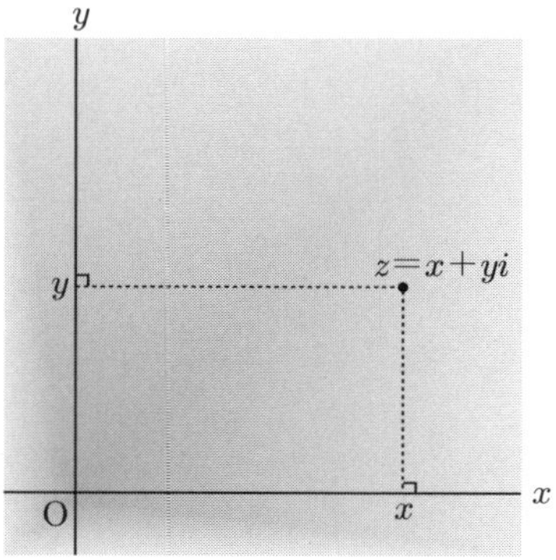

このように表わされる平面を**複素平面**という．

複素数の演算は,

$$(a+bi)+(c+di)=(a+c)+(b+d)i,$$
$$(a+bi)(c+di)=(ac-bd)+(ad+bc)i$$

で与えられる.

複素数の演算は複素平面上で幾何学的に図示される. 例えば

$$z_1=1+2i,$$
$$z_2=4+3i,$$
$$z_1+z_2=(1+4)+(2+3)i$$

は下図のように表わすことができる.

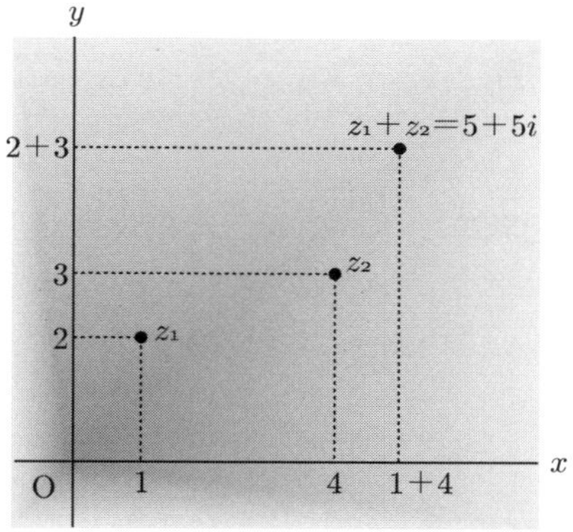

複素数 $z = a + bi$ は

$$z = r(\cos\theta + i\sin\theta) \quad (r = \sqrt{a^2 + b^2})$$

と表わすことができる.

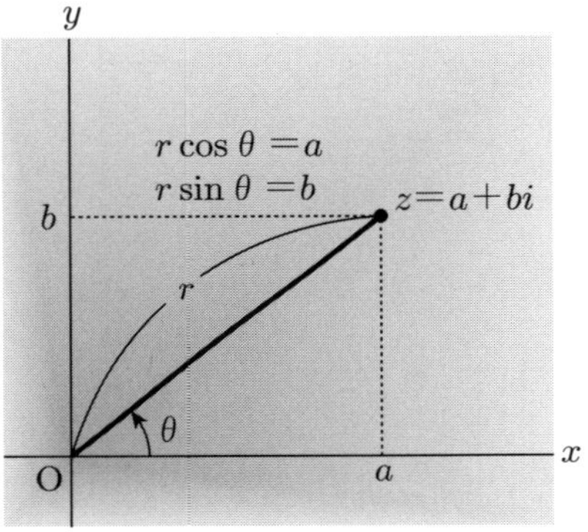

このような表し方を**極形式**といい, r を z の**絶対値**, θ を z の**偏角**という(通常角度を**ラジアン法**で表わす. 180° は π ラジアンである. ラジアンで表わす場合は単位を省略する). この書き方にしたがえば,

$$z_1 = r_1(\cos\theta_1 + i\ \sin\theta_1),$$

$$z_2 = r_2(\cos\theta_2 + i\ \sin\theta_2),$$

に対しては

$$z_1 z_2 = r_1 r_2\{\cos(\theta_1 + \theta_2) + i\ \sin(\theta_1 + \theta_2)\},$$

となる.

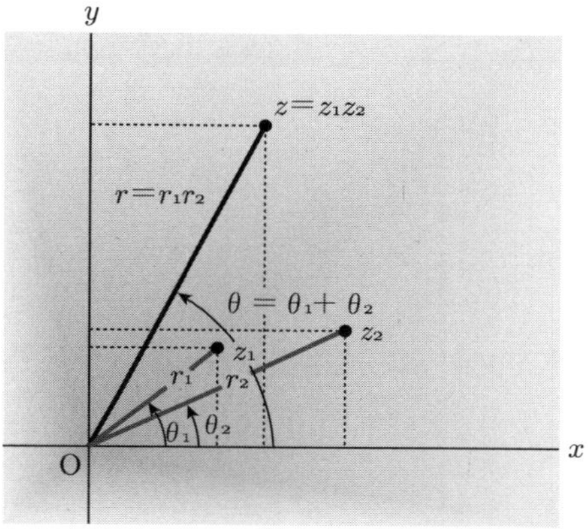

複素数 $z=a+bi$ (a, b は実数）に対して，複素数 $a-bi$ を z の**共役複素数**といい，$\bar{z}$ で表わす.

複素数 $z=a+bi$ （a, b は実数）の絶対値 $|z|$ は

$$|z|=\sqrt{a^2+b^2}=\sqrt{z\bar{z}}$$

で与えられる.

実数全体の集合を実数体といい，記号 **R** で表わす．また，複素数全体の集合を複素数体といい，記号 **C** で表わす．**R** は **C** の部分集合である.

実数の範囲では必ずしもすべての代数方程式が根をもつとは限らないが，複素数体では任意の n 次の代数方程式は（重複を込めて）n 個の根をもつ（代数学の基本定理，6.1 節参照）.

❏ 問題 1.4.1

(1) $z=2-3i$ の絶対値を求めなさい.

(2) 次の計算をしなさい（結果は $a+bi$ （a, b は実数) の形に表わしなさい）.

(i) $(1+5i)+(4-6i)$ (ii) $(1-3i)(5+8i)$

(iii) $\dfrac{1}{3-7i}$

❏ 問題 1.4.2

(1) $z^2=-1+\sqrt{3}i$ をみたす複素数 z を求めなさい.

(2) $z^3=i$ をみたす複素数 z を求めなさい.

章末問題

1. 空間において，3つのベクトル

$$\boldsymbol{a} = \begin{bmatrix} 1 \\ 0 \\ k \end{bmatrix},\ \boldsymbol{b} = \begin{bmatrix} -1 \\ 2 \\ 1 \end{bmatrix},\ \boldsymbol{c} = \begin{bmatrix} 3 \\ -1 \\ 2 \end{bmatrix}$$

で張られる平行六面体の体積が20になるように実数 k の値を定めなさい．

2. 平面において，もしも3直線

$$\begin{aligned} a_1x + b_1y + 1 &= 0, \\ a_2x + b_2y + 1 &= 0, \\ a_3x + b_3y + 1 &= 0 \end{aligned}$$

が1点で交わるならば，3点 (a_1, b_1)，(a_2, b_2)，(a_3, b_3) は同一直線上にあることを証明しなさい．

3. 空間に3点 A，B，C があり，これらは同一直線上にはないとする．原点を O，$\overrightarrow{\mathrm{OA}} = \boldsymbol{a}$，$\overrightarrow{\mathrm{OB}} = \boldsymbol{b}$，$\overrightarrow{\mathrm{OC}} = \boldsymbol{c}$ として，3点 A，B，C を含む平面から O までの距離を $\boldsymbol{a}$，$\boldsymbol{b}$，$\boldsymbol{c}$ の式で表わしなさい．

4. 原点から直線

$$\frac{x - c_1}{a_1} = \frac{y - c_2}{a_2} = \frac{z - c_3}{a_3}$$

に下ろした垂線の足の座標を求めなさい．

5. 空間において，3つの平面

$$\begin{cases} x + y + z = 0, \\ ax + by + cz = 0, \\ (b+c)x + (c+a)y + (a+b)z = 0 \end{cases}$$

は直線を共有することを示し，その直線の方程式を求めなさい．

第2章

行列と行列式

我々はしばしば下図のように数字が並んだものを目にする.

	東京	新宿	池袋	横浜
空港第 2ビル	1260 1630	1420 1630	1420 1630	1850 2250
成田 空港	1260 1630	1420 1630	1420 1630	1850 2250

このようなものを数学では行列と呼んでいる.

2.1 行列の定義と演算

行列の定義 以下, 特に断らない限り, 単に数といえば複素数をさすものとする. 次のように数が並んだものを (m, n) 型の**行列**という.

$$A = \begin{bmatrix} a_{1,1} & a_{1,2} & \cdots & a_{1,n} \\ a_{2,1} & a_{2,2} & \cdots & a_{2,n} \\ \cdots & \cdots & \cdots & \cdots \\ a_{m,1} & a_{m,2} & \cdots & a_{m,n} \end{bmatrix}$$

通常行列を表わすのに $A, B, C, \cdots$ といった大文字の記号を用いる. $a_{1,1}$, $a_{1,2}$, $\cdots$, $a_{m,n}$ を**成分**という.

$a_{i,j}$ は上から i 番目, 左から j 番目の成分である. これを $(i,\ j)$ **成分**という. 混乱のおそれがなければ $a_{i,j}$ を a_{ij} と表わす. 上から i 番目には

$$\begin{bmatrix} a_{i1} & a_{i2} & \cdots & a_{in} \end{bmatrix}$$

という成分が並んでいる．これを A の**第 $\boldsymbol{i}$ 行**という．また左から j 番目には

$$\begin{bmatrix} a_{1j} \\ a_{2j} \\ \vdots \\ a_{nj} \end{bmatrix}$$

という成分が並んでいる．これを A の**第 $\boldsymbol{j}$ 列**という．A が上記のような行列であるとき，これを

$$A = [a_{ij}]$$

と表わす．これは，A は $(i,\, j)$ 成分が a_{ij} で与えられる行列であることを示している．成分がすべて実数である行列を**実行列**という．

２つの行列 $A = [a_{ij}]$, $B = [b_{ij}]$ の型が同じで（ともに $(m,\, n)$ 型），任意の $i,\, j$ $(1 \leq i \leq m,\, 1 \leq j \leq n)$ について $a_{ij} = b_{ij}$ が成立するとき，A と B は**等しい**といい，$A = B$ と表わす．

$(m, 1)$ 型の行列

$$\boldsymbol{a} = \begin{bmatrix} a_1 \\ a_2 \\ \vdots \\ a_m \end{bmatrix}$$

を $\boldsymbol{m}$ **項列ベクトル**といい，$(1, n)$ 型の行列

$$\boldsymbol{a} = \begin{bmatrix} a_1 & a_2 & \cdots & a_n \end{bmatrix}$$

を $\boldsymbol{n}$ **項行ベクトル**という．これらは行列の一種であるが，通常**ベクトル**と呼ばれる．

行列やベクトルに対して，通常の数（複素数）のことを**スカラー**という．

(n, n) 型の行列を n 次**正方行列**という．

行列の演算　ともに $(m,\ n)$ 型である２つの行列

$$A = [a_{ij}],\ B = [b_{ij}]$$

に対して，$(i,\ j)$ 成分が $a_{ij} + b_{ij}$ で与えられる $(m,\ n)$ 型行列のことを A と B の**和**といい，$A + B$ で表わす．

$$A + B = [a_{ij} + b_{ij}].$$

$A = [a_{ij}]$ が (m, n) 型行列で c がスカラーであるとき，(i, j) 成分が ca_{ij} で与えられる (m, n) 型行列のことを A の $\boldsymbol{c}$ **倍**といい，cA または Ac で表わす．

$$cA = [ca_{ij}].$$

$(-1)A$ を $-A$ と表わす．また，$A + (-B)$ を $A - B$ と表わす．

すべての成分が 0 である $(m,\ n)$ 型行列を $(m,\ n)$ 型の**零行列**といい，$\mathbf{0}_{m,n}$ で表わす．

$$\mathbf{0}_{m,n} = \begin{bmatrix} 0 & 0 & \cdots & 0 \\ 0 & 0 & \cdots & 0 \\ \cdots & \cdots & \cdots & \cdots \\ 0 & 0 & \cdots & 0 \end{bmatrix}$$

型を明示する必要がなければ単に $\mathbf{0}$ と表わしてもよい．

A が $(m,\ n)$ 型行列であれば，

$$A + \mathbf{0}_{m,n} = A,\quad A - A = \mathbf{0}_{m,n},\quad 0A = \mathbf{0}_{m,n}$$

である．

$(m,\ n)$ 型行列 $A,\ B,\ C$ とスカラー $c,\ d$ について常に次の式が成り立つ．

(1)	$(A + B) + C = A + (B + C)$	（結合法則）
(2)	$A + B = B + A$	（交換法則）
(3)	$c(A + B) = cA + cB$	（分配法則）
(4)	$(c + d)A = cA + dA$	（分配法則）
(5)	$(cd)A = c(dA)$	（結合法則）

$A = [a_{ij}]$ が (m, n) 型行列，$B = [b_{ij}]$ が (n, p) 型行列であるとき，(i, j) 成分が

$$c_{ij} = \sum_{k=1}^{n} a_{ik} b_{kj} = a_{i1} b_{1j} + a_{i2} b_{2j} + \cdots + a_{in} b_{nj}$$

で与えられる (m, p) 型行列

$$C = [c_{ij}]$$

を A と B の**積**といい，AB で表わす．

上の定義のように (m, n) 型の行列と (n, p) 型の行列の積は (m, p) 型となる（分数の積が $\dfrac{m}{n} \times \dfrac{n}{p} = \dfrac{m}{p}$ となるのに似ている）．

例 1

$$\begin{bmatrix} -1 & 0 & 3 \\ 4 & 1 & -1 \end{bmatrix} \begin{bmatrix} 2 & -1 & 5 & 4 \\ 0 & 3 & -1 & 2 \\ 1 & -1 & 2 & 2 \end{bmatrix} = \begin{bmatrix} 1 & -2 & 1 & 2 \\ 7 & 0 & 17 & 16 \end{bmatrix}$$ ▨

行列の積については，AB が定まっても BA が定まるとは限らないし，またもし AB，BA ともに定まっても $AB = BA$ が成り立つとは限らない．

❑ **問題 2.1.1**　2 次の正方行列 A, B で $AB = BA$ が成り立つ例と成り立たない例を挙げなさい．

行列の積については次のことが成り立つ（式中の演算がすべて定義されるとして）．

(1)　$(AB)C = A(BC)$　（結合法則）

(2)　$A(B + C) = AB + AC$　（分配法則）

(3)　$(A + B)C = AC + BC$　（分配法則）

(4)　$c(AB) = (cA)B = A(cB)$　（スカラーと行列の可換性）．

(5)　A が (m, n) 型行列ならば，

$$\mathbf{0}_{l,m} A = \mathbf{0}_{l,n}, \quad A \mathbf{0}_{n,p} = \mathbf{0}_{m,p}$$

である．

n 次正方行列 $A = [a_{ij}]$ の a_{ii} という形の成分を**対角成分**という.

次のような対角成分より下の成分がすべて 0 である正方行列を**上三角形**の行列という.

$$\begin{bmatrix} a_{11} & a_{12} & \cdots & \cdots & a_{1n} \\ 0 & a_{22} & a_{23} & \cdots & a_{2n} \\ 0 & 0 & a_{33} & \cdots & a_{3n} \\ \cdots & \cdots & \cdots & \cdots & \cdots \\ 0 & 0 & \cdots & 0 & a_{nn} \end{bmatrix}$$

同様に，対角成分より上の成分がすべて 0 である正方行列を**下三角形**の行列という．また，次のような対角成分以外すべて 0 である行列を**対角形**の行列という.

$$\begin{bmatrix} a_{11} & 0 & 0 & \cdots & 0 \\ 0 & a_{22} & 0 & \cdots & 0 \\ 0 & 0 & a_{33} & \cdots & 0 \\ \cdots & \cdots & \cdots & \cdots & \cdots \\ 0 & 0 & \cdots & 0 & a_{nn} \end{bmatrix}$$

対角成分がすべて 1 でその他の成分がすべて 0 である n 次正方行列を $\boldsymbol{n}$ **次単位行列**といい，E_n で表わす.

$$E_n = \begin{bmatrix} 1 & 0 & 0 & \cdots & 0 \\ 0 & 1 & 0 & \cdots & 0 \\ 0 & 0 & 1 & \cdots & 0 \\ \cdots & \cdots & \cdots & \cdots & \cdots \\ 0 & 0 & 0 & \cdots & 1 \end{bmatrix}$$

自然数 i, j に対して,

$$\delta_{ij} = \begin{cases} 1 & (i = j) \\ 0 & (i \neq j) \end{cases}$$

で定められる記号を**クロネッカー** (Kronecker) **の記号**という．これを使えば単位行列は $E_n = [\delta_{ij}]$ と表わされる．

任意の (m, n) 型行列 A について

$$E_m A = A, \quad AE_n = A$$

が成り立つ．

$(m,\ n)$ 型行列 $A = [a_{ij}]$ に対して，$(i,\ j)$ 成分が a_{ji} で与えられる $(n,\ m)$ 型行列を A の**転置行列**（transpose）といい，${}^tA$ で表わす．例えば

$$A = \begin{bmatrix} 1 & 2 & 3 \\ 4 & 5 & 6 \end{bmatrix} \quad \text{に対しては} \quad {}^tA = \begin{bmatrix} 1 & 4 \\ 2 & 5 \\ 3 & 6 \end{bmatrix}.$$

一般に，

$${}^t(A+B) = {}^tA + {}^tB, \qquad {}^t(AB) = {}^tB\,{}^tA$$

となることは容易にわかる．

$A = [a_{ij}]$ に対して，$(i,\ j)$ 成分が複素共役 $\overline{a_{ij}}$ で与えられる行列 $\bar{A} = [\overline{a_{ij}}]$ を A の**共役行列**という．

❑ **問題 2.1.2**　次の行列の計算をしなさい．

(1) $\begin{bmatrix} -1 & 1+i \\ 0 & 2 \end{bmatrix} + \begin{bmatrix} 5i & 1-4i \\ 2i & -1 \end{bmatrix}$　　(2) $(5-2i)\begin{bmatrix} -4 & 0 & 4+5i \\ -i & 1 & 0 \end{bmatrix}$

(3) $\begin{bmatrix} 4 & -1+3i & 0 \\ 2 & 0 & -1 \end{bmatrix}\begin{bmatrix} -1 & 3i \\ 4 & 0 \\ 2i & 5 \end{bmatrix}$　　(4) $\begin{bmatrix} 1 & 2i & -1 \\ 0 & 5 & 4 \\ 1 & -1 & 2 \end{bmatrix}\begin{bmatrix} x_1 \\ x_2 \\ x_3 \end{bmatrix}$

(5) $\begin{bmatrix} 1+i & 5-4i & 2 \end{bmatrix}\begin{bmatrix} 3-2i \\ -5 \\ 0 \end{bmatrix}$　　(6) $\begin{bmatrix} 1 \\ -2i \end{bmatrix}\begin{bmatrix} 3 & 0 & -i \end{bmatrix}$

2.2 ブロック分割

$A = \begin{bmatrix} -2 & 1 & 0 & 3 \\ 1 & 3 & -5 & 1 \\ 0 & 2 & 1 & 4 \end{bmatrix}$，$B = \begin{bmatrix} 3 & 1 & -1 \\ 2 & 0 & 1 \\ 0 & 7 & 5 \\ -1 & 0 & -3 \end{bmatrix}$ に対して，行列の積の定義から

$$AB = \begin{bmatrix} -7 & -2 & -6 \\ 8 & -34 & -26 \\ 0 & 7 & -5 \end{bmatrix}$$

となるが，これを次のように求めることもできる．

A, B を次のように**ブロック**に分ける．

$$\begin{array}{cc} A_{11}\downarrow & A_{12}\downarrow \end{array} \qquad\qquad \begin{array}{cc} B_{11}\downarrow & B_{12}\downarrow \end{array}$$

$$A = \left[\begin{array}{cc|cc} -2 & 1 & 0 & 3 \\ 1 & 3 & -5 & 1 \\ \hline 0 & 2 & 1 & 4 \end{array}\right], \qquad B = \left[\begin{array}{cc|c} 3 & 1 & -1 \\ 2 & 0 & 1 \\ \hline 0 & 7 & 5 \\ -1 & 0 & -3 \end{array}\right]$$

$$\begin{array}{cc} \uparrow A_{21} & \uparrow A_{22} \end{array} \qquad\qquad \begin{array}{cc} \uparrow B_{21} & \uparrow B_{22} \end{array}$$

すると

$$\begin{aligned} AB &= \left[\begin{array}{c|c} A_{11} & A_{12} \\ \hline A_{21} & A_{22} \end{array}\right] \left[\begin{array}{c|c} B_{11} & B_{12} \\ \hline B_{21} & B_{22} \end{array}\right] \\ &= \left[\begin{array}{c|c} A_{11}B_{11} + A_{12}B_{21} & A_{11}B_{12} + A_{12}B_{22} \\ \hline A_{21}B_{11} + A_{22}B_{21} & A_{21}B_{12} + A_{22}B_{22} \end{array}\right] \end{aligned} \tag{2.1}$$

となる（各ブロックを成分とみなして，２次の正方行列の積のように計算できる）．

実際，

$$A_{11}B_{11}+A_{12}B_{21}=\begin{bmatrix}-2&1\\1&3\end{bmatrix}\begin{bmatrix}3&1\\2&0\end{bmatrix}+\begin{bmatrix}0&3\\-5&1\end{bmatrix}\begin{bmatrix}0&7\\-1&0\end{bmatrix}$$
$$=\begin{bmatrix}-7&-2\\8&-34\end{bmatrix}$$

となり，これは上で求めた AB の左上のブロックと一致する．他のブロックについても同様．

定理 2.2.1　一般に，$(l,\ m)$ 型の行列 A と $(m,\ n)$ 型の行列 B があるとき，これを

$$A=\left[\begin{array}{c|c}\overbrace{A_{11}}^{m_1}&\overbrace{A_{12}}^{m_2}\\\hline A_{21}&A_{22}\end{array}\right]\begin{matrix}\}\ l_1\\\}\ l_2\end{matrix},\quad B=\left[\begin{array}{c|c}\overbrace{B_{11}}^{n_1}&\overbrace{B_{12}}^{n_2}\\\hline B_{21}&B_{22}\end{array}\right]\begin{matrix}\}\ m_1\\\}\ m_2\end{matrix}$$

とブロックに分けて，積 AB を (2.1) 式によって求めることができる．

証明

$$C=\left[\begin{array}{ccc|ccc}c_{1,1}&\cdots&c_{1,n_1}&c_{1,n_1+1}&\cdots&c_{1,n}\\\cdots&\cdots&\cdots&\cdots&\cdots&\cdots\\c_{l_1,1}&\cdots&c_{l_1,n_1}&c_{l_1,n_1+1}&\cdots&c_{l_1,n}\\\hline c_{l_1+1,1}&\cdots&c_{l_1+1,n_1}&c_{l_1+1,n_1+1}&\cdots&c_{l_1+1,n}\\\cdots&\cdots&\cdots&\cdots&\cdots&\cdots\\c_{l,1}&\cdots&c_{l,n_1}&c_{l,n_1+1}&\cdots&c_{l,n}\end{array}\right]$$

AB の $(i,\ j)$ 成分 c_{ij} は，c_{ij} が左上のブロックに属しているとき，つまり $1\leq i\leq l_1$，$1\leq j\leq n_1$ のとき，

$$c_{ij}=\sum_{k=1}^{m}a_{ik}b_{kj}=\sum_{k=1}^{m_1}a_{ik}b_{kj}+\sum_{k=m_1+1}^{m}a_{ik}b_{kj}.$$

この第1項は $A_{11}B_{11}$ の (i,j) 成分であり，第2項は $A_{12}B_{21}$ の $(i,\ j)$ 成分である（A_{12} の (i,j) 成分は a_{i,m_1+j} で，B_{21} の (i,j) 成分は $b_{m_1+i,j}$ で与えられる）．同様にして，c_{ij} が右上，左下，右下のブロックに属している場合について確かめることができる．　▨

一般には，次のようにもっと多くのブロックに分けることができる．

$$A = \begin{bmatrix} \overbrace{A_{11}}^{m_1} & \overbrace{A_{12}}^{m_2} & \cdots & \overbrace{A_{1q}}^{m_q} \\ A_{21} & A_{22} & \cdots & A_{2q} \\ \cdots & \cdots & \cdots & \cdots \\ A_{p1} & A_{p2} & \cdots & A_{pq} \end{bmatrix} \begin{matrix} \} l_1 \\ \} l_2 \\ \\ \} l_p \end{matrix},$$

$$B = \begin{bmatrix} \overbrace{B_{11}}^{n_1} & \overbrace{B_{12}}^{n_2} & \cdots & \overbrace{B_{1r}}^{n_r} \\ B_{21} & B_{22} & \cdots & B_{2r} \\ \cdots & \cdots & \cdots & \cdots \\ B_{q1} & B_{q2} & \cdots & B_{qr} \end{bmatrix} \begin{matrix} \} m_1 \\ \} m_2 \\ \\ \} m_q \end{matrix}$$

このとき

$$AB = \begin{bmatrix} \overbrace{C_{11}}^{n_1} & \overbrace{C_{12}}^{n_2} & \cdots & \overbrace{C_{1r}}^{n_r} \\ C_{21} & C_{22} & \cdots & C_{2r} \\ \cdots & \cdots & \cdots & \cdots \\ C_{p1} & C_{p2} & \cdots & C_{pr} \end{bmatrix} \begin{matrix} \} l_1 \\ \} l_2 \\ \\ \} l_p \end{matrix}$$

$$C_{ij} = \sum_{k=1}^{q} A_{ik} B_{kj} \quad (1 \le i \le p, 1 \le j \le r).$$

2.3 置換

文字の置換 1 から n までの自然数からなる集合を S とする．

$$S = \{1, 2, \cdots, n\}$$

S から S 自身への単射（異なる文字は異なる文字に移す）である写像を n **文字の置換**という．例えば次の σ は 4 文字の置換である．

$$\sigma = \begin{pmatrix} 1 & 2 & 3 & 4 \\ 3 & 2 & 4 & 1 \end{pmatrix}$$

これは σ が 1 を 3 に，2 を 2 に，3 を 4 に，4 を 1 にそれぞれ移す置換であることを表わしている．次のようなものは単射の条件をみたしていないから置換とはいわない．

$$\begin{pmatrix} 1 & 2 & 3 & 4 \\ 3 & 4 & 4 & 2 \end{pmatrix}$$

n 文字の置換は一般に次のような形である．

$$\sigma = \begin{pmatrix} 1 & 2 & \cdots & n \\ i_1 & i_2 & \cdots & i_n \end{pmatrix} \quad \left(\begin{array}{l} i_1, i_2, \quad \cdots, i_n \text{ は } 1, 2, \cdots, n \text{ が } 1 \text{ 度} \\ \text{ずつ現われるように並べかえたもの} \end{array} \right)$$

1 から n までの自然数をこのようにならべる仕方は全部で $n! = 1 \times 2 \times \cdots \times n$ 通りあるから，n 文字の置換は全部で $n!$ 個ある．

置換

$$\begin{pmatrix} 1 & 2 & \cdots & n \\ 1 & 2 & \cdots & n \end{pmatrix}$$

を**恒等置換**といい，記号 ε_n で表わす．

2 つの置換 σ, τ に対してその写像としての積 $\sigma \circ \tau$ を σ と τ の**積**といい，$\sigma\tau$ と表わす．

例 2 $\sigma = \begin{pmatrix} 1 & 2 & 3 & 4 \\ 3 & 1 & 4 & 2 \end{pmatrix}$，$\tau = \begin{pmatrix} 1 & 2 & 3 & 4 \\ 2 & 1 & 4 & 3 \end{pmatrix}$ に対して，

$$\sigma\tau = \begin{pmatrix} 1 & 2 & 3 & 4 \\ 1 & 3 & 2 & 4 \end{pmatrix}.$$ ▨

置換 $\sigma = \begin{pmatrix} 1 & 2 & \cdots & n \\ i_1 & i_2 & \cdots & i_n \end{pmatrix}$ に対して, 置換 $\begin{pmatrix} i_1 & i_2 & \cdots & i_n \\ 1 & 2 & \cdots & n \end{pmatrix}$ を σ の**逆置換**といい，σ^{-1} で表わす．例えば $\sigma = \begin{pmatrix} 1 & 2 & 3 & 4 \\ 3 & 1 & 4 & 2 \end{pmatrix}$ に対して

$$\sigma^{-1} = \begin{pmatrix} 3 & 1 & 4 & 2 \\ 1 & 2 & 3 & 4 \end{pmatrix} = \begin{pmatrix} 1 & 2 & 3 & 4 \\ 2 & 4 & 1 & 3 \end{pmatrix}.$$

置換の積　置換の積については次のことが成り立つ.

(1)	$(\sigma\tau)\rho = \sigma(\tau\rho)$	(2)	$\varepsilon_n\sigma = \sigma\varepsilon_n = \sigma$
(3)	$\sigma\sigma^{-1} = \sigma^{-1}\sigma = \varepsilon_n$	(4)	$(\sigma^{-1})^{-1} = \sigma$

n 文字の置換全体は置換としての積に関して群である（A.2 節参照）．この群を **n 次対称群**といい，S_n で表わす.

群はいろいろ興味深い性質をもっているが，ここでは行列式のために必要な性質を述べる．ここでは S_n について述べてあるが，群に共通な性質である.

σ を S_n の元とする．σ に対して S_n の元 σ^{-1} が 1 つ定まるから，S_n から S_n 自身への写像 $f : \sigma \longmapsto \sigma^{-1}$ を考えることができる.

定理 2.3.1　上で述べた写像について，もし σ が S_n 全体を重複なく（同じ値を２回以上とることなく）動くならば，σ^{-1} も S_n 全体を重複なく動く.

証明　σ, τ を S_n の２つの元とする．もし $\sigma^{-1} = \tau^{-1}$ であれば

$$\sigma = (\sigma^{-1})^{-1} = (\tau^{-1})^{-1} = \tau$$

となる．したがって，もし S_n において $\sigma \neq \tau$ であれば

$$f(\sigma) \neq f(\tau)$$

であることがわかる．σ が S_n 全体を重複なく動くとき $f(\sigma)$ の動く範囲を T とすると T は S_n の部分集合である．S_n は全部で $n!$ 個の元よりなるから，σ が S_n 全体を重複なく動くとき，σ は $n!$ 個の相異なる値をとる．したがって $f(\sigma)$ も $n!$ 個の相異なる値をとるから，T は $n!$ 個の元を含む．しかるに，T は S_n の部分集合で S_n 自身が $n!$ 個の元よりなるのであるから，T は S_n と一致しなければならない．これは，σ が S_n 全体を重複なく動くとき，σ^{-1} が S_n 全体を重複なく動くことを意味する.　▨

ρ を S_n の固定された元とする．S_n から S_n 自身への写像 $g : \sigma \longmapsto \rho\sigma$ と $h : \sigma \longmapsto \sigma\rho$ を考えることができる．これについて，上と同様に次のことが証明される．

定理 2.3.2　もし σ が S_n 全体を重複なく動くならば，$\rho\sigma$ も $\sigma\rho$ も S_n 全体を重複なく動く．

互換　置換

$$\begin{pmatrix} 1 & 2 & 3 & 4 & 5 \\ 3 & 2 & 1 & 4 & 5 \end{pmatrix}$$

のように2つの文字だけを互いに交換して

他は動かさない置換を**互換**という．この互換を $(1, 3)$ または $(3, 1)$ と表わす．一般に，i を j に，j を i に移し，他は動かさない置換 $(i \neq j)$ を (i, j) または (j, i) と表わす．

任意の置換は有限個の互換の積に表わされる．このことは次のように考えればよい．

例えば置換 $\sigma = \begin{pmatrix} 1 & 2 & 3 & 4 \\ 4 & 1 & 2 & 3 \end{pmatrix}$ について次のように考える．下図のように数字を大きさの順で 1, 2, 3, 4 と並べる．これを，2つずつ入れ替えることを何度か繰り返して 4, 1, 2, 3 と並ぶようにできる．このことは置換の作用でいえば，1, 2, 3, 4 と並んだものを，まず 1 と 4 を入れ替え，次に 2 と 1 を入れ替え，最後に 3 と 2 を入れ替えれば全体の操作としては 1, 2, 3, 4 を $4, 1, 2, 3$ と並べ替えたことになる．

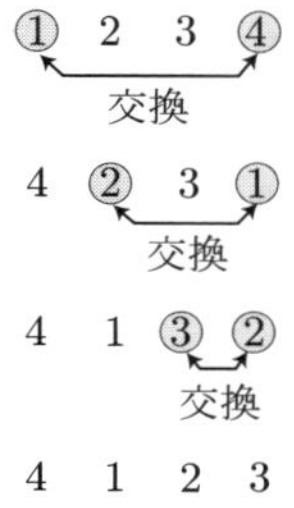

したがって，置換 σ は次のように３つの互換の積として表わされる．

$$\sigma = (3,\ 2)(2,\ 1)(1,\ 4)$$

このように考えれば，任意の置換は何個かの互換の積として表わされることがわかる．

しかし，このように与えられた置換を何個かの互換の積として表わす仕方は一意的ではない．例えば上の置換 σ を

$$\sigma = (2,\ 1)(2,\ 4)(1,\ 4)(3,\ 4)(1,\ 2)$$

と表わすこともできる．

しかし，ある置換を何個かの互換の積として表わすとき，その表示に表れる互換の個数が偶数か奇数かということは表わし方によらない．このことを証明するために，次のような多項式に対する置換の作用を考える．

σ を n 文字の置換，$f(x_1,\ x_2,\ \cdots,\ x_n)$ を n 変数の多項式とするとき，σ と $f(x_1,\ x_2,\ \cdots,\ x_n)$ の「積」を次のように定める．

$$\sigma f(x_1,\ x_2,\ \cdots,\ x_n) = f(x_{\sigma(1)},\ x_{\sigma(2)},\ \cdots,\ x_{\sigma(n)})$$

ここで $\sigma(i)$ は，置換 σ によって番号 i の移される先を表わす．

例えば，

$$\sigma = \begin{pmatrix} 1 & 2 & 3 \\ 2 & 3 & 1 \end{pmatrix}, \quad f(x_1,\ x_2,\ x_3) = x_1^2 + x_2 x_3$$

に対しては $\sigma f(x_1,\ x_2,\ x_3) = x_2^2 + x_3 x_1$ である．

任意の置換 σ, τ と任意の多項式 $f(x_1,\ x_2,\ \cdots,\ x_n)$, $g(x_1,\ x_2,\ \cdots,\ x_n)$ について次のことが成り立つことが容易にわかる．

(1) $(\sigma\tau) f(x_1,\ x_2,\ \cdots,\ x_n) = \sigma(\tau f(x_1,\ x_2,\ \cdots,\ x_n))$ (2.2)

(2) $\sigma(f(x_1,\ x_2,\ \cdots,\ x_n) g(x_1,\ x_2,\ \cdots,\ x_n))$
$= (\sigma f(x_1,\ x_2,\ \cdots,\ x_n))(\sigma g(x_1,\ x_2,\ \cdots,\ x_n))$ (2.3)

次のような多項式は n 変数の**差積**と呼ばれる．

$$\Delta(x_1, x_2, \cdots, x_n) = \prod_{1 \leq i < j \leq n} (x_j - x_i)$$

$\Pi_{1 \leq i < j \leq n}(x_j - x_i)$ は，1 から n までの i, j で $i < j$ であるようなすべての順列 (i, j) について $(x_j - x_i)$ の積をとるという意味である．だから具体的には

$$\begin{aligned}
&\Delta(x_1, x_2, \cdots, x_n) \\
&= (x_n - x_{n-1})(x_n - x_{n-2}) \cdots (x_n - x_2)(x_n - x_1) \\
&\quad \times \ (x_{n-1} - x_{n-2}) \cdots (x_{n-1} - x_2)(x_{n-1} - x_1) \\
&\quad \times \ \cdots \\
&\quad \times \ (x_3 - x_2)(x_3 - x_1) \\
&\quad \times \ (x_2 - x_1).
\end{aligned}$$

$\rho = (1, 2)$ という互換をこの多項式 $\Delta(x_1, x_2, \cdots, x_n)$ に作用させたらどうなるかをみてみよう．

$$\begin{aligned}
&\rho\Delta(x_1, x_2, \cdots, x_n) \\
&= (x_n - x_{n-1})(x_n - x_{n-2}) \cdots (x_n - x_1)(x_n - x_2) \\
&\quad \times \ (x_{n-1} - x_{n-2}) \cdots (x_{n-1} - x_1)(x_{n-1} - x_2) \\
&\quad \times \ \cdots \\
&\quad \times \ (x_3 - x_1)(x_3 - x_2) \\
&\quad \times \ (x_1 - x_2)
\end{aligned}$$

これは元の式 $\Delta(x_1, x_2, \cdots, x_n)$ の (-1) 倍である．

ここでは (1, 2) という互換であったが，他の互換でもまったく同様であって，差積 $\Delta(x_1, x_2, \cdots, x_n)$ は互換を 1 回作用させると元の (-1) 倍になるという性質がある（このような性質をもつ多項式を**交代式**という）．

さて，置換 σ が

$$\sigma = \sigma_1\sigma_2 \cdots \sigma_l = \tau_1\tau_2 \cdots \tau_m$$

と 2 通りに互換の積として表わされていたとしよう（σ_i, τ_j は互換）．上に述べた，多項式に対する置換の作用の性質 (2.2) 式，(2.3) 式および差積の性質から，

$$
\begin{aligned}
&\sigma\Delta(x_1,\,x_2,\,\cdots,\,x_n)\\
&\quad= \sigma_1(\sigma_2(\cdots(\sigma_l\Delta(x_1,\,x_2,\,\cdots,\,x_n))\cdots))\\
&\quad= (-1)^l\Delta(x_1,\,x_2,\,\cdots,\,x_n)\\
&\quad= \tau_1(\tau_2(\cdots(\tau_m\Delta(x_1,\,x_2,\,\cdots,\,x_n))\cdots))\\
&\quad= (-1)^m\Delta(x_1,\,x_2,\,\cdots,\,x_n),
\end{aligned}
$$

すなわち

$$
(-1)^l\Delta(x_1,\,x_2,\,\cdots,\,x_n) = (-1)^m\Delta(x_1,\,x_2,\,\cdots,\,x_n)
$$

を得る．$\Delta(x_1,\,x_2,\,\cdots,\,x_n)$ は自明でない（恒等的に 0 ではない）多項式である（A.5 節参照）から，これより $(-1)^l = (-1)^m$ であることがわかる．$(-1)^l$ はもし l が偶数であれば 1 に等しく，もし l が奇数であれば -1 に等しい．だからもし l が偶数であれば m も偶数であり，もし l が奇数であれば m も奇数である．

以上をまとめれば次のようになる．

定理 2.3.3 任意の置換は有限個の互換の積として表わされる．この表わし方は一意的ではないが，その表示に現われる互換の個数が偶数か奇数かは表示の仕方によらずその置換によって定まっている．

偶数個の互換の積として表わされる置換を**偶置換**といい，奇数個の互換の積として表わされる置換を**奇置換**という．置換 (σ) に対して，

$$
\operatorname{sgn}(\sigma) = \begin{cases} 1 & (\sigma \text{ は偶置換}) \\ -1 & (\sigma \text{ は奇置換}) \end{cases}
$$

によって定められる $\operatorname{sgn}(\sigma)$ を置換 σ の**符号**という．

符号については次のような性質がある．

(1) $\operatorname{sgn}(\varepsilon_n) = 1$
(2) $\operatorname{sgn}(\sigma\tau) = \operatorname{sgn}(\sigma)\operatorname{sgn}(\tau)$
(3) $\operatorname{sgn}(\sigma^{-1}) = \operatorname{sgn}(\sigma)$

❏ **問題 2.3.1** 次の置換についてその符号を求めなさい.

(1) $\sigma = \begin{pmatrix} 1 & 2 & 3 & 4 & 5 \\ 3 & 5 & 4 & 1 & 2 \end{pmatrix}$ (2) $\tau = \begin{pmatrix} 1 & 2 & 3 & 4 & 5 \\ 3 & 1 & 5 & 2 & 4 \end{pmatrix}$

(3) $\rho = \begin{pmatrix} 1 & 2 & 3 & 4 & 5 & 6 \\ 4 & 3 & 6 & 5 & 1 & 2 \end{pmatrix}$

2.4 行 列 式

行列式の定義 $A = [a_{ij}]$ は n 次正方行列とする. 置換 σ が n 文字の置換全体 S_n を動くときの和

$$\sum_{\sigma \in S_n} \mathrm{sgn}(\sigma) a_{1,\sigma(1)} a_{2,\sigma(2)} \cdots a_{n,\sigma(n)}$$

を A の**行列式**といい, これを $\det A$, $\det(a_{ij})$, $|A|$, $|a_{ij}|$, または

$$\begin{vmatrix} a_{1,1} & a_{1,2} & \cdots & a_{1,n} \\ a_{2,1} & a_{2,2} & \cdots & a_{2,n} \\ \cdots & \cdots & \cdots & \cdots \\ a_{n,1} & a_{n,2} & \cdots & a_{n,n} \end{vmatrix}$$

で表わす.

行列 A を列ベクトルまたは行ベクトルに分けて

$$A = \begin{bmatrix} \boldsymbol{a}_1, & \boldsymbol{a}_2, & \cdots, & \boldsymbol{a}_n \end{bmatrix} \quad \text{または} \quad A = \begin{bmatrix} \boldsymbol{a}_1 \\ \boldsymbol{a}_2 \\ \vdots \\ \boldsymbol{a}_n \end{bmatrix}$$

としているときは,

$$\det \begin{bmatrix} \boldsymbol{a}_1, & \boldsymbol{a}_2, & \cdots, & \boldsymbol{a}_n \end{bmatrix} \quad \text{または} \quad \det \begin{bmatrix} \boldsymbol{a}_1 \\ \boldsymbol{a}_2 \\ \vdots \\ \boldsymbol{a}_n \end{bmatrix}$$

と表わすこともできる.

例 3 (1) $n=1$ のとき. 1 文字の置換は 1 を 1 に移す自明な置換しかないから

$$|a_{1,1}| = a_{1,1}$$

(この場合の $|\quad|$ は行列式の記号であって絶対値ではない. だから例えば $|-3| = -3$ である).

(2) $n=2$ のとき. 2 文字の置換は $\begin{pmatrix} 1 & 2 \\ 1 & 2 \end{pmatrix}$ と $\begin{pmatrix} 1 & 2 \\ 2 & 1 \end{pmatrix}$ であるから

$$\begin{vmatrix} a_{1,1} & a_{1,2} \\ a_{2,1} & a_{2,2} \end{vmatrix} = a_{1,1}a_{2,2} - a_{1,2}a_{2,1}.$$

(3) $n=3$ のとき. 3 文字の置換は

$$\begin{pmatrix} 1 & 2 & 3 \\ 1 & 2 & 3 \end{pmatrix}, \quad \begin{pmatrix} 1 & 2 & 3 \\ 1 & 3 & 2 \end{pmatrix}, \quad \begin{pmatrix} 1 & 2 & 3 \\ 3 & 2 & 1 \end{pmatrix},$$
$$\begin{pmatrix} 1 & 2 & 3 \\ 2 & 1 & 3 \end{pmatrix}, \quad \begin{pmatrix} 1 & 2 & 3 \\ 2 & 3 & 1 \end{pmatrix}, \quad \begin{pmatrix} 1 & 2 & 3 \\ 3 & 1 & 2 \end{pmatrix}$$

の 6 つであるから, 上と同様にして

$$\begin{vmatrix} a_{1,1} & a_{1,2} & a_{1,3} \\ a_{2,1} & a_{2,2} & a_{2,3} \\ a_{3,1} & a_{3,2} & a_{3,3} \end{vmatrix}$$
$$= a_{1,1}a_{2,2}a_{3,3} - a_{1,1}a_{2,3}a_{3,2} - a_{1,3}a_{2,2}a_{3,1} - a_{1,2}a_{2,1}a_{3,3}$$
$$+ a_{1,2}a_{2,3}a_{3,1} + a_{1,3}a_{2,1}a_{3,2}.$$
▨

同様のことは $n \geq 4$ についてもできるが, 長い式になるだけである. 実際に行列式を計算するときには, このような定義式から直接に計算することはない (2.5 節参照).

注　意　行列と行列式を混同してはならない．

$\begin{bmatrix} 1 & 2 \\ 3 & 4 \end{bmatrix}$ は行列，$\begin{vmatrix} 1 & 2 \\ 3 & 4 \end{vmatrix}$ は行列式．$\begin{bmatrix} 1 & 2 \\ 3 & 4 \end{bmatrix} = -2$ は誤り．

行列式の性質　次に行列式の基本的性質をみよう．

> (I)　$\det A = \det {}^tA$　（${}^tA$ は A の転置行列，1.1 節参照）

証明　$A = [a_{ij}]$，${}^tA = [b_{ij}]$ とすると

$$b_{ij} = a_{ji}$$

であるから行列式の定義より

$$\begin{aligned}\det{}^t A &= \sum_{\sigma \in S_n} \mathrm{sgn}(\sigma) b_{1,\sigma(1)} b_{2,\sigma(2)} \cdots b_{n,\sigma(n)} \\ &= \sum_{\sigma \in S_n} \mathrm{sgn}(\sigma) a_{\sigma(1),1} a_{\sigma(2),2} \cdots a_{\sigma(n),n}.\end{aligned}$$

置換 σ を 1 つ固定してみると，$\sigma(k) = 1$ となる番号 k がある．このとき $k = \sigma^{-1}(1)$ と書かれる．同様に $\sigma(l) = 2$ となる番号 l があり，$l = \sigma^{-1}(2)$ と書かれる．以下同様にして，最後に $\sigma(m) = n$ となる番号 m があり，$m = \sigma^{-1}(n)$ と書かれる．積 $a_{\sigma(1),1} a_{\sigma(2),2} \cdots a_{\sigma(n),n}$ の順序を変更すると

$$a_{\sigma(k),k} a_{\sigma(l),l} \cdots a_{\sigma(m),m} = a_{1,\sigma^{-1}(1)} a_{2,\sigma^{-1}(2)} \cdots a_{n,\sigma^{-1}(n)}$$

と書くことができるから，

$$\det {}^tA = \sum_{\sigma \in S_n} \mathrm{sgn}(\sigma) a_{1,\sigma^{-1}(1)} a_{2,\sigma^{-1}(2)} \cdots a_{n,\sigma^{-1}(n)}$$

となる．定理 2.3.1 により，σ が S_n 全体を動くときは σ^{-1} も S_n 全体を動く．また $\mathrm{sgn}(\sigma) = \mathrm{sgn}(\sigma^{-1})$ であるから，各置換 σ に対して σ^{-1} を τ と表わせば，

$$\det {}^tA = \sum_{\tau \in S_n} \mathrm{sgn}(\tau) a_{1,\tau(1)} a_{2,\tau(2)} \cdots a_{n,\tau(n)}$$

であり，これは $\det A$ に他ならない． ▨

注　意　上に述べたことから次のようなことがわかる．

1．行列式の，列についての性質（例えばこのすぐあとに述べる）はそのまま行についての性質でもある（転置すれば行は列，列は行になる）．

2．行列 $A=[a_{ij}]$ の行列式の本来の定義は

$$\det A = \sum_{\sigma \in S_n} \mathrm{sgn}(\sigma) a_{1,\sigma(1)} a_{2,\sigma(2)} \cdots a_{n,\sigma(n)}$$

であるが，

$$\det A = \sum_{\sigma \in S_n} \mathrm{sgn}(\sigma) a_{\sigma(1),1} a_{\sigma(2),2} \cdots a_{\sigma(n),n}$$

としてもよい．

> (II) (1) 任意の j $(1 \leq j \leq n)$ に対して
>
> $$\det\ [\boldsymbol{a}_1, \boldsymbol{a}_2, \cdots, \boldsymbol{a}'_j + \boldsymbol{a}''_j, \cdots, \boldsymbol{a}_n]$$
> $$= \det\ [\boldsymbol{a}_1, \boldsymbol{a}_2, \cdots, \boldsymbol{a}'_j, \cdots, \boldsymbol{a}_n] + \det\ [\boldsymbol{a}_1, \boldsymbol{a}_2, \cdots, \boldsymbol{a}''_j, \cdots, \boldsymbol{a}_n]$$
>
> （ある列が２つの列ベクトルの和であるとき）
>
> (2) $\det\ [\boldsymbol{a}_1, \cdots, k\boldsymbol{a}_j, \cdots, \boldsymbol{a}_n] = k \cdot \det\ [\boldsymbol{a}_1, \cdots, \boldsymbol{a}_j, \cdots, \boldsymbol{a}_n]$
>
> （ある列が定数 k 倍になっているとき）　(証明略)

上の性質を行列式の列に関する**多重線形性**という．先に注意したように，列に関する多重線形性を有するということは行に関する多重線形性をも有するということになる．

> (III)　ある列（またはある行）の成分がすべて 0 ならば，その行列式の値は 0 である．

証明　上の (II)(2) で $k=0$ とする．▨

> (IV) τ を n 文字の置換とするとき，
>
> $$\det\ [\boldsymbol{a}_{\tau(1)}, \boldsymbol{a}_{\tau(2)}, \cdots, \boldsymbol{a}_{\tau(n)}] = \mathrm{sgn}(\tau) \cdot \det\ [\boldsymbol{a}_1, \boldsymbol{a}_2, \cdots, \boldsymbol{a}_n]$$
>
> （ある行列の列を置換 τ にしたがって入れ替えたとき）

証明　行列 $A=[\boldsymbol{a}_1, \boldsymbol{a}_2, \cdots, \boldsymbol{a}_n]$ の (i,j) 成分を a_{ij}，行列 $B=[\boldsymbol{a}_{\tau(1)}, \boldsymbol{a}_{\tau(2)}, \cdots, \boldsymbol{a}_{\tau(n)}]$ の (i,j) 成分を b_{ij} とすれば，$b_{i,j}=a_{i,\tau(j)}$ であるから，

$$\det B = \sum_{\sigma \in S_n} \mathrm{sgn}(\sigma) b_{1,\sigma(1)} b_{2,\sigma(2)} \cdots b_{n,\sigma(n)}$$
$$= \sum_{\sigma \in S_n} \mathrm{sgn}(\sigma) a_{1,\tau(\sigma(1))} a_{2,\tau(\sigma(2))} \cdots a_{n,\tau(\sigma(n))}.$$

ここで，$\tau(\sigma(i))$ は，番号 i を $\tau\sigma$ で移した先 $\tau\sigma(i)$ に等しい．また，

$$\begin{aligned} \mathrm{sgn}(\sigma) &= \mathrm{sgn}(\tau^{-1}\tau\sigma) = \mathrm{sgn}(\tau^{-1})\ \mathrm{sgn}(\tau\sigma) \\ &= \mathrm{sgn}(\tau)\ \mathrm{sgn}(\tau\sigma) \end{aligned}$$

であるから，

$$\det B = \mathrm{sgn}(\tau) \sum_{\sigma \in S_n} \mathrm{sgn}(\tau\sigma) a_{1,\tau\sigma(1)} a_{2,\tau\sigma(2)} \cdots a_{n,\tau\sigma(n)}.$$

定理 2.3.2 により，σ が S_n 全体を重複なく動くとき，$\tau\sigma$ も S_n 全体を重複なく動くから，改めて $\tau\sigma$ を σ で書き変えれば，これは

$$\mathrm{sgn}(\tau) \sum_{\sigma \in S_n} \mathrm{sgn}(\sigma) a_{1,\sigma(1)} a_{2,\sigma(2)} \cdots a_{n,\sigma(n)} = \mathrm{sgn}(\tau) \cdot \det A$$

に等しいことがわかる．▨

例 4　$A = \begin{bmatrix} a_{11} & a_{12} & a_{13} \\ a_{21} & a_{22} & a_{23} \\ a_{31} & a_{32} & a_{33} \end{bmatrix}$ の列を偶置換 $\sigma = \begin{pmatrix} 1 & 2 & 3 \\ 3 & 1 & 2 \end{pmatrix}$ で入れ代えると，

$$\begin{vmatrix} a_{13} & a_{11} & a_{12} \\ a_{23} & a_{21} & a_{32} \\ a_{33} & a_{31} & a_{32} \end{vmatrix} = \begin{vmatrix} a_{11} & a_{12} & a_{13} \\ a_{21} & a_{22} & a_{23} \\ a_{31} & a_{32} & a_{33} \end{vmatrix}.$$ ▨

> (V)　行列 A の２つの列ベクトル（または２つの行ベクトル）が一致するときは $\det A = 0$.

証明　上の (IV) より明らか．▨

例 5　$\begin{vmatrix} 1 & -1 & 3 & 4 \\ 2 & -1 & 0 & 2 \\ 5 & 3 & -4 & 1 \\ 2 & -1 & 0 & 2 \end{vmatrix} = 0$　（第２行と第４行が同じ）▨

(VI) $\det\,[\boldsymbol{a}_1, \cdots, \boldsymbol{a}_j, \cdots, \boldsymbol{a}_k, \cdots, \boldsymbol{a}_n]$
$= \det\,[\boldsymbol{a}_1, \cdots, \boldsymbol{a}_j + c\boldsymbol{a}_k, \cdots, \boldsymbol{a}_k, \cdots, \boldsymbol{a}_n] \quad (j \neq k)$
（ある列の定数倍を他の列に加えても行列式の値は変わらない）

証明 上の (II) と (V) より明らか. ▨

(VII) $\det AB = \det A \cdot \det B$ （A, B とも n 次正方行列）

証明 $A = [a_{ij}]$, $B = [b_{ij}]$, $AB = [c_{ij}]$ とすると,

$$\det(AB) = \sum_{\sigma \in S_n} \mathrm{sgn}(\sigma) c_{1,\sigma(1)} c_{2,\sigma(2)} \cdots c_{n,\sigma(n)}$$

$$= \sum_{\sigma \in S_n} \mathrm{sgn}(\sigma) \left(\sum_{k=1}^{n} a_{1,k} b_{k,\sigma(1)} \right) \left(\sum_{l=1}^{n} a_{2,l} b_{l,\sigma(2)} \right) \cdots \left(\sum_{m=1}^{n} a_{n,m} b_{m,\sigma(n)} \right)$$

$$= \sum_{k} \sum_{l} \cdots \sum_{m} a_{1,k} a_{2,l} \cdots a_{n,m} \left(\sum_{\sigma \in S_n} \mathrm{sgn}(\sigma) b_{k,\sigma(1)} b_{l,\sigma(2)} \cdots b_{m,\sigma(n)} \right).$$

この $\sum_k \sum_l \cdots \sum_m$ は, $k, l, \cdots, m$ が独立に 1 から n まで変わるときのすべての $k, l, \cdots, m$ の順列について和をとるという意味である（$k, l, \cdots, m$ は全部で n 個の記号）. いま, 1 組の $k, l, \cdots, m$ を固定して

$$\sum_{\sigma \in S_n} \mathrm{sgn}(\sigma) b_{k,\sigma(1)} b_{l,\sigma(2)} \cdots b_{m,\sigma(n)}$$

を考えてみると, これは行列 B の第 k 行を第 1 行, 第 l 行を第 2 行, $\cdots$, 第 m 行を第 n 行にもってきた行列式

$$\begin{vmatrix} b_{k,1} & b_{k,2} & \cdots & b_{k,n} \\ b_{l,1} & b_{l,2} & \cdots & b_{l,n} \\ \cdots & \cdots & \cdots & \cdots \\ b_{m,1} & b_{m,2} & \cdots & b_{m,n} \end{vmatrix}$$

に等しい. ところが行列式の性質 (V) によって, $k, l, \cdots, m$ のうちに重複があるときにはこれは 0 である. したがって, 重複を含むような $k, l, \cdots, m$ については和をとる必要がない. つまり, 1 から n までの数がすべて 1 度ずつ現われているような

$k, l, \cdots, m$ についてのみ和をとればよいのだから，$\tau = \begin{pmatrix} 1 & 2 & \cdots & n \\ k & l & \cdots & m \end{pmatrix}$ として τ が n 文字の置換全体を動くと考えればよい．

$$k = \tau(1),\ l = \tau(2),\ \cdots,\ m = \tau(n)$$

であるから，

$$\begin{vmatrix} b_{k,1} & b_{k,2} & \cdots & b_{k,n} \\ b_{l,1} & b_{l,2} & \cdots & b_{l,n} \\ \cdots & \cdots & \cdots & \cdots \\ b_{m,1} & b_{m,2} & \cdots & b_{m,n} \end{vmatrix} = \begin{vmatrix} \boldsymbol{a}_{\tau(1)} \\ \boldsymbol{a}_{\tau(2)} \\ \cdots \\ \boldsymbol{a}_{\tau(n)} \end{vmatrix} = \mathrm{sgn}(\tau) \cdot |B|.$$

したがって，

$$\begin{aligned} \det AB &= \sum_{\tau \in S_n} a_{1,\tau(1)} a_{2,\tau(2)} \cdots a_{n,\tau(n)} (\mathrm{sgn}(\tau) \cdot \det B) \\ &= \left(\sum_{\tau \in S_n} \mathrm{sgn}(\tau) a_{1,\tau(1)} a_{2,\tau(2)} \cdots a_{n,\tau(n)} \right) \det B \\ &= \det A \cdot \det B. \end{aligned}$$

▨

(VIII) $$\begin{vmatrix} a_{1,1} & a_{1,2} & \cdots & a_{1,n} \\ 0 & a_{2,2} & \cdots & a_{2,n} \\ \cdots & \cdots & \cdots & \cdots \\ 0 & a_{n,2} & \cdots & a_{n,n} \end{vmatrix} = a_{1,1} \begin{vmatrix} a_{2,2} & \cdots & a_{2,n} \\ \cdots & \cdots & \cdots \\ a_{n,2} & \cdots & a_{n,n} \end{vmatrix}$$

(第1列が1番上の成分を除いてすべて0であるとき)　(証明略)

2.5　余因数展開

A を n 次正方行列とする．$1 \leq i, j \leq n$ なる番号 i, j に対して，次のような，$(-1)^{i+j}$ と，A から第 i 行と第 j 列を除いた残りを並べた $(n-1)$ 次の行列式との積を (i, j) **余因子**といい，$\widetilde{a_{i,j}}$ と表わす．

第 i 行と第 j 列をとり除く

$$
\widetilde{a_{i,j}} = (-1)^{i+j} \begin{vmatrix} a_{11} & \cdots & \cdots & \overset{j}{\smile} a_{1j} & \cdots & a_{1j} \\ \cdots & \cdots & \cdots & a_{2j} & \cdots & \cdots \\ \cdots & \cdots & \cdots & \cdots & \cdots & \cdots \\ a_{i1} & a_{i2} & \cdots & a_{ij} & \cdots & a_{in} \\ \cdots & \cdots & \cdots & \cdots & \cdots & \cdots \\ a_{n1} & \cdots & \cdots & a_{nj} & \cdots & a_{nn} \end{vmatrix} \quad (i
$$

例 6　$A = \begin{bmatrix} -1 & 4 & 3 \\ 0 & 5 & 2 \\ 3 & 1 & -7 \end{bmatrix}$ の (1, 1) 余因子は，$\widetilde{a_{1,1}} = (-1)^{1+1} \begin{vmatrix} 5 & 2 \\ 1 & -7 \end{vmatrix}$，

(1, 2) 余因子は，$\widetilde{a_{1,2}} = (-1)^{1+2} \begin{vmatrix} 0 & 2 \\ 3 & -7 \end{vmatrix}$，等.　▨

定理 2.5.1　$A = [a_{ij}]$ を n 次正方行列とすると，

(I)　$\det A = \sum_{i=1}^{n} a_{ij}\widetilde{a_{ij}} \quad (1 \leq j \leq n)$,

(II)　$\det A = \sum_{j=1}^{n} a_{ij}\widetilde{a_{ij}} \quad (1 \leq i \leq n)$.

((I) 式を第 j 列に関する**余因数展開**，(II) 式を第 i 行に関する**余因数展開**という.)

証明　転置行列を考えれば (I) と (II) とは同値であることがわかる．よって (I) だけ証明する．$1 \leq j \leq n$ なる j を 1 つ固定する.

$$\det A = \begin{vmatrix} a_{11} & \cdots & a_{1j} & \cdots & a_{1n} \\ a_{21} & \cdots & a_{2j} & \cdots & a_{2n} \\ \cdots & \cdots & \cdots & \cdots & \cdots \\ a_{n1} & \cdots & a_{nj} & \cdots & a_{nn} \end{vmatrix}$$

この第 j 列を列ベクトルの和

$$\begin{bmatrix} a_{1j} \\ 0 \\ 0 \\ \vdots \\ 0 \end{bmatrix} + \begin{bmatrix} 0 \\ a_{2j} \\ 0 \\ \vdots \\ 0 \end{bmatrix} + \cdots + \begin{bmatrix} 0 \\ 0 \\ 0 \\ \vdots \\ a_{nj} \end{bmatrix}$$

と考えれば，行列式の性質 (II) (1) (p.49) により，

$$\det A = \sum_{i=1}^{n} \begin{vmatrix} a_{11} & \cdots & \overset{\underset{\smile}{j}}{0} & \cdots & a_{1n} \\ a_{21} & \cdots & 0 & \cdots & a_{2n} \\ \cdots & \cdots & \cdots & \cdots & \cdots \\ a_{i1} & \cdots & a_{ij} & \cdots & a_{in} \\ \cdots & \cdots & \cdots & \cdots & \cdots \\ a_{n1} & \cdots & 0 & \cdots & a_{nn} \end{vmatrix} \begin{matrix} \\ \\ \\ (i \\ \\ \\ \end{matrix}$$

この行列式

$$\begin{vmatrix} a_{11} & \cdots & \overset{\underset{\smile}{j}}{0} & \cdots & a_{1n} \\ a_{21} & \cdots & 0 & \cdots & a_{2n} \\ \cdots & \cdots & \cdots & \cdots & \cdots \\ a_{i1} & \cdots & a_{ij} & \cdots & a_{in} \\ \cdots & \cdots & \cdots & \cdots & \cdots \\ a_{n1} & \cdots & 0 & \cdots & a_{nn} \end{vmatrix} \begin{matrix} \\ \\ \\ (i \\ \\ \\ \end{matrix} \tag{2.4}$$

の第 i 行を順番にすぐ上の行と交換することを $(i-1)$ 回繰り返し，さらに第 j 列を順番にすぐ左の列と交換することを $(j-1)$ 回繰り返せば

$$
(2.4)\text{ 式}= (-1)^{i-1}\cdot(-1)^{j-1}\cdot\left|\begin{array}{c|c} a_{ij} & \\ \hline 0 & \\ 0 & A\text{ から} \\ \vdots & \text{第 } i \text{ 行と} \\ & \text{第 } j \text{ 列を} \\ 0 & \text{除いたもの} \end{array}\right|
$$

$$
= \quad (-1)^{i+j}\cdot a_{ij}\cdot\left|\begin{array}{c} A\text{ から} \\ \text{第 } i \text{ 行と} \\ \text{第 } j \text{ 列を} \\ \text{除いたもの} \end{array}\right| = a_{ij}\widetilde{a_{ij}}
$$

より，$\det A=\sum_{i=1}^{n} a_{ij}\widetilde{a_{ij}}$.　▨

実際に与えられた行列式の値を求めるには，2.4 節に述べた行列式の性質の (IV)，(VI)，(VIII) を用いる.

例 7

$$
\begin{vmatrix} 3 & 2 & -1 & 4 \\ 2 & -1 & 0 & 1 \\ -1 & 4 & -1 & -2 \\ 3 & 1 & -2 & 5 \end{vmatrix} = \begin{vmatrix} 3 & 2 & -1 & 4 \\ 0 & -\frac{7}{3} & \frac{2}{3} & -\frac{5}{3} \\ 0 & \frac{14}{3} & -\frac{4}{3} & -\frac{2}{3} \\ 0 & -1 & -1 & 1 \end{vmatrix}
$$

第 1 行の $(-\frac{2}{3})$ 倍を第 2 行に加え，第 1 行の $\frac{1}{3}$ 倍を第 3 行に加え，第 1 行の (-1) 倍を第 4 行に加える

$$
= 3\begin{vmatrix} -\frac{7}{3} & \frac{2}{3} & -\frac{5}{3} \\ \frac{14}{3} & -\frac{4}{3} & -\frac{2}{3} \\ -1 & -1 & 1 \end{vmatrix}
$$

(VIII) により

$$
= 3\begin{vmatrix} -\frac{7}{3} & \frac{2}{3} & -\frac{5}{3} \\ 0 & 0 & -4 \\ 0 & -\frac{9}{7} & \frac{12}{7} \end{vmatrix}
$$

第 1 行の 2 倍を第 2 行に加え，第 1 行の $(-\frac{3}{7})$ 倍を第 3 行に加える

$$
= 3\cdot\left(-\frac{7}{3}\right)\cdot\begin{vmatrix} 0 & -4 \\ -\frac{9}{7} & \frac{12}{7} \end{vmatrix} = (-7)\cdot\left\{0\cdot\frac{12}{7}-(-4)\cdot\left(-\frac{9}{7}\right)\right\} = -36
$$

▨

❏ **問題 2.5.1** 次の行列式の値を求めなさい.

(1) $\begin{vmatrix} 5 & 8 \\ -8 & 2 \end{vmatrix}$ (2) $\begin{vmatrix} 2 & -3 & 5 \\ -1 & 5 & 6 \\ 3 & 4 & 9 \end{vmatrix}$

(3) $\begin{vmatrix} a & -8 & 2 \\ b & 5 & 0 \\ c & -7 & 5 \end{vmatrix}$ (4) $\begin{vmatrix} 0 & 1 & -3 & 6 \\ 2 & -7 & 1 & -4 \\ -1 & -1 & 0 & 3 \\ 4 & 1 & 1 & -2 \end{vmatrix}$

2.6 行列の正則性と行列式

A は n 次正方行列とする. $AX = XA = E_n$ をみたす n 次正方行列 X が存在するとき行列 A は**正則**であるといい, この X を A の**逆行列**という.

もし A が正則ならば A の逆行列はただ1つである. なぜなら, もし2つの行列 X, Y がともに

$$AX = XA = E_n, \quad AY = YA = E_n$$

をみたすとすれば,

$$X = XE_n = X(AY) = (XA)Y = E_nY = Y$$

となるからである.

A が正則のとき, A の逆行列を A^{-1} で表わす. もし A が正則ならば, A^{-1} も正則で

$$(A^{-1})^{-1} = A$$

である. また A, B がともに n 次の正則行列ならば, 積 AB も正則で $(AB)^{-1} = B^{-1}A^{-1}$ である.

このことは n 次の正則行列全体が群となっていることを意味する（A.2 節参照）. これを n 次**一般線形群**という.

A が n 次正方行列であるとき, (i, j) 成分が (j, i) 余因子 $\widetilde{a_{ji}}$ で与えられる n 次正方行列を A の**余因子行列**といい, $\tilde{A}$ と表わす.

定理 2.6.1　A を n 次正方行列とする．A が正則であるための必要十分条件は，$\det A \neq 0$ なることである．このとき $A^{-1} = (\det A)^{-1}\tilde{A}$ である．

証明　$1 \leq k, l \leq n$ なる番号 k, l について和 $\sum_{i=1}^{n} a_{ik}\widetilde{a_{il}}$ を考える．もし $k = l$ ならば，上の和は定理 2.5.1 で述べた $\det A$ の余因数展開である．$k \neq l$ のときは，この値は 0 である．なぜなら，$k \neq l$ として行列式

$$\begin{array}{c} \text{第 } k \text{ 列} \quad\quad \text{第 } l \text{ 列} \\ \begin{vmatrix} a_{11} & \cdots & a_{1k} & \cdots & a_{1k} & \cdots & a_{1n} \\ a_{21} & \cdots & a_{2k} & \cdots & a_{2k} & \cdots & a_{2n} \\ \cdots & \cdots & \cdots & \cdots & \cdots & \cdots & \cdots \\ \cdots & \cdots & \cdots & \cdots & \cdots & \cdots & \cdots \\ a_{n1} & \cdots & a_{nk} & \cdots & a_{nk} & \cdots & a_{nn} \end{vmatrix} \end{array}$$

を考えると，この行列式は第 k 列と第 l 列が一致しているので，基本的性質の (V) によって値は 0 である．他方，これを第 l 列について余因数展開することによって

$$\sum_{i=1}^{n} a_{ik}\widetilde{a_{il}} = 0$$

を得る．

よって，$\sum_{i=1}^{n} a_{ik}\widetilde{a_{il}} = \delta_{kl}$ である．同様に，$\sum_{i=1}^{n} a_{ki}\widetilde{a_{li}} = \delta_{kl}$ である．

行列 A が正則であるとする．A の逆行列 A^{-1} が存在して $AA^{-1} = E_n$ であるから，この両辺の行列式をとれば

$$\det A \cdot \det A^{-1} = \det(AA^{-1}) = \det E_n = 1,$$

したがって，$\det A \neq 0$.

逆に，$\det A \neq 0$ とする．$B = (\det A)^{-1}\tilde{A}$ とおき，この (i, j) 成分を b_{ij} とすると，AB の (i, j) 成分は

$$\sum_{k=1}^{n} a_{ik}b_{kj} = (\det A)^{-1}\sum_{k=1}^{n} a_{ik}\widetilde{a_{jk}}.$$

上に述べたことから，これは $(\det A)^{-1}\delta_{ij} \det A = \delta_{ij}$ に等しい．したがって，$AB = E_n$．まったく同様に $BA = E_n$ である．　▨

系 2.6.2　A, B が n 次正方行列で $AB = E_n$ ならば，$BA = E_n$ で，B は A の逆行列である．

証明　定理 2.6.1 によって A は正則であり，A の逆行列 A^{-1} が存在する．ところが

$$A^{-1} = A^{-1}E_n = A^{-1}(AB) = (A^{-1}A)B = E_nB = B$$

より，B が A の逆行列であることがわかる．▨

2.7　クラーメルの公式

連立 1 次方程式

$$\begin{cases} a_{11}x_1 + a_{12}x_2 + \cdots + a_{1n}x_n = p_1 \\ a_{21}x_1 + a_{22}x_2 + \cdots + a_{2n}x_n = p_2 \\ \cdots\cdots\cdots\cdots\cdots\cdots\cdots\cdots \\ a_{n1}x_1 + a_{n2}x_2 + \cdots + a_{nn}x_n = p_n \end{cases} \tag{2.5}$$

を考えよう．左辺の $a_{11}, a_{12}, \cdots, a_{nn}$ と右辺の $p_1, p_2, \cdots, p_n$ は与えられた定数として，(2.5) 式をみたす $x_1, x_2, \cdots, x_n$ の値を求めたい，という問題である．

$$A = \begin{bmatrix} a_{11} & a_{12} & \cdots & a_{1n} \\ a_{21} & a_{22} & \cdots & a_{2n} \\ \cdots & \cdots & \cdots & \cdots \\ a_{n1} & a_{n2} & \cdots & a_{nn} \end{bmatrix},$$

$$\boldsymbol{x} = \begin{bmatrix} x_1 \\ x_2 \\ \vdots \\ x_n \end{bmatrix}, \quad \boldsymbol{p} = \begin{bmatrix} p_1 \\ p_2 \\ \vdots \\ p_n \end{bmatrix}$$

とおくと，(2.5) 式は

$$A\boldsymbol{x} = \boldsymbol{p} \tag{2.6}$$

と表わされる．この A を連立 1 次方程式 (2.5) の**係数行列**という．

係数行列 A が正則であると仮定する．逆行列 A^{-1} が存在するから，(2.6) 式より

$$\boldsymbol{x} = E_n\boldsymbol{x} = A^{-1}A\boldsymbol{x} = A^{-1}\boldsymbol{p}$$

となる．定理 2.6.1 により，これは

$$\begin{bmatrix} x_1 \\ x_2 \\ \vdots \\ x_n \end{bmatrix} = (\det A)^{-1} \begin{bmatrix} \widetilde{a_{11}} & \widetilde{a_{21}} & \cdots & \widetilde{a_{n1}} \\ \widetilde{a_{12}} & \widetilde{a_{22}} & \cdots & \widetilde{a_{n2}} \\ \cdots & \cdots & \cdots & \cdots \\ \widetilde{a_{1n}} & \widetilde{a_{2n}} & \cdots & \widetilde{a_{nn}} \end{bmatrix} \begin{bmatrix} p_1 \\ p_2 \\ \vdots \\ p_n \end{bmatrix}$$

となる．この両辺の第 j 成分どうしを比較してみると，

$$x_j = (\det A)^{-1}\{p_1\widetilde{a_{1j}} + p_2\widetilde{a_{2j}} + \cdots + p_n\widetilde{a_{nj}}\}.$$

右辺の { } の中 は行列式

$$\begin{vmatrix} a_{11} & \cdots & p_1 & \cdots & a_{1n} \\ a_{21} & \cdots & p_2 & \cdots & a_{2n} \\ \cdots & \cdots & \cdots & \cdots & \cdots \\ a_{n1} & \cdots & p_n & \cdots & a_{nn} \end{vmatrix}$$

（A の第 j 列をベクトル $\boldsymbol{p}$ で置き換えたもの）

の第 j 列に関する余因数展開である．したがって，(2.5) の解は

$$x_j = (\det A)^{-1} \begin{vmatrix} a_{11} & \cdots & p_1 & \cdots & a_{1n} \\ a_{21} & \cdots & p_2 & \cdots & a_{2n} \\ \cdots & \cdots & \cdots & \cdots & \cdots \\ a_{n1} & \cdots & p_n & \cdots & a_{nn} \end{vmatrix}$$

（A の第 j 列をベクトル $\boldsymbol{p}$ で置き換えたもの，$1 \leq j \leq n$）

で与えられる．これを**クラーメル (Cramer) の公式**という（未知数の個数と式の個数が一致し，係数行列が正則であるときのみ使える）．

❏ **問題 2.7.1**　a は $a^3 \neq 1$ である複素数とするとき，次の連立 1 次方程式を解きなさい．

$$\begin{cases} x_1 + ax_2 + a^2x_3 = b_1 \\ a^2x_1 + x_2 + ax_3 = b_2 \\ ax_1 + a^2x_2 + x_3 = b_3 \end{cases}$$

章 末 問 題

1. $f(x)$ を n 次以下の多項式とする．$(n+1)$ 個の相異なる定数 $c_1, c_2, \cdots, c_{n+1}$ に対して $f(c_i) = 0\ (1 \leq i \leq n+1)$ であるならば，$f(x) = 0$（多項式としての定数 0）であることを証明しなさい（これは多項式として $f(x) = 0$ であることと関数として $f(x) \equiv 0$ であることが同値であることを意味する）．

2. A は (m, n) 型行列とする．もし任意の n 項列ベクトル $\boldsymbol{x}$ に対して $A\boldsymbol{x} = \boldsymbol{0}$ であるならば $A = \boldsymbol{0}_{m,n}$ (零行列) であることを証明しなさい．

3. **(ヴァンデルモンド (Vandermonde) の行列式)**

$$\begin{vmatrix} 1 & 1 & \cdots & 1 \\ x_1 & x_2 & \cdots & x_n \\ x_1^2 & x_2^2 & \cdots & x_n^2 \\ \cdots & \cdots & \cdots & \cdots \\ x_1^{n-1} & x_2^{n-1} & \cdots & x_n^{n-1} \end{vmatrix} = \prod_{1 \leq i < j \leq n} (x_j - x_i)$$

(右辺は 2.3 節で述べた差積) であることを証明しなさい．

4. xy –平面において，相異なる２点 $\mathrm{A}(a_1, a_2)$，$\mathrm{B}(b_1, b_2)$ を通る直線の方程式は，

$$\begin{vmatrix} 1 & 1 & 1 \\ x & a_1 & b_1 \\ y & a_2 & b_2 \end{vmatrix} = 0$$

で与えられることを示しなさい．

5. 正方行列 A に対して $AA\cdots A$（k 回）を A^k と表わす．A が n 次正方行列で，ある自然数 k に対して $A^k = \boldsymbol{0}$ となるならば，$E_n + A$ は正則であることを証明しなさい．

第3章
行列の基本変形と連立一次方程式

次のような２つの行列がある.

$$A = \begin{bmatrix} 1 & -2 & 3 \\ 4 & 2 & 0 \\ -1 & 3 & 5 \end{bmatrix}$$

$$B = \begin{bmatrix} 0 & 0 & 0 & 0 & 0 & 0 & 0 \\ 0 & 0 & -9 & 0 & 0 & 0 & 0 \\ 0 & 0 & 0 & 0 & 0 & 0 & 0 \\ 0 & 0 & 0 & 0 & 0 & 1 & 0 \\ 0 & 0 & 0 & 0 & 0 & 0 & 0 \\ 0 & 0 & 0 & 0 & 0 & 0 & 0 \end{bmatrix}$$

上の２つの行列のうちどちらが大きいと感じるであろうか？　「大きい」という言葉の意味によるであろうが，素朴な感覚としてどうであろうか．形式的にサイズだけを問題にするならば，B の方が大きいが，B の成分はほとんど 0 ばかりなので，空虚な感じがする．それに較べて，A はサイズは小さいけれども，実質的な成分があるという感じがする.「空虚である」とか「実質的な成分がある」というだけでは文学的な表現であって，科学的な表現とはいえないが，このような素朴な感覚は大切である.

実は，行列の階数という重要な概念があって，A の方が B より階数が高いのである.

階数という概念を正確に定義するために準備をしよう.

3.1　基本変形

次の3種類の行列を**基本行列**という（特に記入してない成分は全て0とする）.

$$
P_n(i\,;\,c) = \underbrace{\begin{bmatrix} 1 & & & & & & & \\ & 1 & & & & & O & \\ & & \ddots & & & & & \\ & & & 1 & & & & \\ & & & & c & & & \\ & & & & & 1 & & \\ & O & & & & & \ddots & \\ & & & & & & & 1 \end{bmatrix}}_{n} \begin{matrix} \\ \\ \\ \\ i) \\ \\ \\ \\ \end{matrix} \Bigg\} n \qquad (c \neq 0)
$$

$$
P_n(i\,,\,j) = \underbrace{\begin{bmatrix} 1 & & & & & & & & & & \\ & \ddots & & & & & & & O & & \\ & & 1 & & & & & & & & \\ & & & 0 & & & & 1 & & & \\ & & & & 1 & & & & & & \\ & & & & & \ddots & & & & & \\ & & & & & & 1 & & & & \\ & & & 1 & & & & 0 & & & \\ & & & & & & & & 1 & & \\ & O & & & & & & & & \ddots & \\ & & & & & & & & & & 1 \end{bmatrix}}_{n} \begin{matrix} \\ \\ \\ i) \\ \\ \\ \\ j) \\ \\ \\ \\ \end{matrix} \Bigg\} n \qquad (i \neq j)
$$

$$
P_n(i, j\ ;\ c) = \overset{}{\underbrace{\begin{bmatrix} 1 & & & & & & O \\ & \ddots & & & & & \\ & & 1 & \cdots & c & & \\ & & & \ddots & \vdots & & \\ & & & & 1 & & \\ & & & & & \ddots & \\ O & & & & & & 1 \end{bmatrix}}_{n}} \Bigg\} n \qquad (\text{第 } i \text{ 行}, \text{ 第 } j \text{ 列に } c)
$$

$$(i \neq j, c \neq 0)$$

これらは次の式を満たす.

> (1) $P_n(i;c)P_n(i;c^{-1}) = P_n(i;c^{-1})P(i;c) = E_n$
> (2) $P_n(i,\ j)P_n(i,\ j) = E_n$
> (3) $P_n(i,\ j;c)P_n(i,\ j;-c) = P_n(i,\ j;-c)P_n(i,\ j;c) = E_n$

したがって, 基本行列は正則であり, またその逆行列は同じタイプの基本行列であることがわかる.

> A をある $(m,\ n)$ 型の行列として, A に左から $P_m(i;c)$ を掛けると, どのようになるかみよう.

$$
i)\begin{bmatrix} 1 & 0 & \cdots & \overset{i}{\cdots} & \cdots & \cdots & 0 \\ 0 & 1 & \cdots & \cdots & \cdots & \cdots & 0 \\ & & \cdots & \cdots & \cdots & & \\ 0 & \cdots & 0 & c & 0 & \cdots & 0 \\ & & \cdots & \cdots & \cdots & & \\ 0 & \cdots & \cdots & \cdots & \cdots & 0 & 1 \end{bmatrix}
\begin{bmatrix} a_{11} & a_{12} & \cdots & a_{1n} \\ a_{21} & a_{22} & \cdots & a_{2n} \\ & \cdots & \cdots & \\ a_{i1} & a_{i2} & \cdots & a_{in} \\ & \cdots & \cdots & \\ a_{m1} & a_{m2} & \cdots & a_{mn} \end{bmatrix} (j
$$

$$
= \begin{bmatrix} a_{11} & a_{12} & \cdots & a_{1n} \\ a_{21} & a_{22} & \cdots & a_{2n} \\ & \cdots\cdots\cdots & & \\ ca_{i1} & ca_{i2} & \cdots & ca_{in} \\ & \cdots\cdots\cdots & & \\ a_{m1} & a_{m2} & \cdots & a_{mn} \end{bmatrix} \begin{matrix} \\ \\ \\ (i \\ \\ \\ \end{matrix}
$$

A の第 i 行が一斉に c 倍になることがわかった．同様にして，A に右から $P_n(i;c)$ を掛けると，A の第 i 列が一斉に c 倍になることがわかる．

次に，A に左から $P_m(i,\ j)$ を掛けたらどのようになるかみる．

$$
\begin{matrix} \\ \\ \\ i) \\ \\ j) \\ \\ \\ \end{matrix}
\begin{bmatrix} 1 & 0 & \cdots & \overset{i}{\cdots} & \cdots & \overset{j}{\cdots} & \cdots & 0 \\ 0 & 1 & 0 & \cdots & \cdots & \cdots & \cdots & 0 \\ & & & \cdots\cdots\cdots\cdots & & & & \\ 0 & \cdots & \cdots & 0 & \cdots & 1 & \cdots & 0 \\ & & & \cdots\cdots\cdots\cdots & & & & \\ 0 & \cdots & \cdots & 1 & \cdots & 0 & \cdots & 0 \\ & & & \cdots\cdots\cdots\cdots & & & & \\ 0 & \cdots & \cdots & \cdots & \cdots & \cdots & 0 & 1 \end{bmatrix}
\begin{bmatrix} a_{11} & a_{12} & \cdots & a_{1n} \\ & \cdots\cdots\cdots & & \\ a_{i1} & a_{i2} & \cdots & a_{in} \\ & \cdots\cdots\cdots & & \\ a_{j1} & a_{j2} & \cdots & a_{jn} \\ & \cdots\cdots\cdots & & \\ a_{m1} & a_{m2} & \cdots & a_{mn} \end{bmatrix} \begin{matrix} \\ \\ (i \\ \\ (j \\ \\ \\ \end{matrix}
$$

$$
= \begin{bmatrix} a_{11} & a_{12} & \cdots & a_{1n} \\ & \cdots\cdots\cdots & & \\ a_{j1} & a_{j2} & \cdots & a_{jn} \\ & \cdots\cdots\cdots & & \\ a_{i1} & a_{i2} & \cdots & a_{in} \\ & \cdots\cdots\cdots & & \\ a_{m1} & a_{m2} & \cdots & a_{mn} \end{bmatrix} \begin{matrix} \\ \\ (i \\ \\ (j \\ \\ \\ \end{matrix}
$$

A の第 i 行と第 j 行が交換された．同様にして，A に右から $P_n(i,\ j)$ を掛けると，A の第 i 列と第 j 列が交換されることがわかる．

次に，A に左から $P_m(i,\ j;c)$ を掛けたらどのようになるかみる．

$$
i)\begin{bmatrix}
1 & 0 & \cdots & \overset{i}{\cdots} & \cdots & \overset{j}{\cdots} & \cdots & 0 \\
0 & 1 & 0 & \cdots & \cdots & \cdots & \cdots & 0 \\
 & & & \cdots\cdots & \cdots\cdots & & & \\
0 & \cdots & 0 & 1 & \cdots & c & \cdots & 0 \\
 & & & \cdots\cdots & \cdots\cdots & & & \\
0 & \cdots & \cdots & \cdots & \cdots & \cdots & 0 & 1
\end{bmatrix}
\begin{bmatrix}
a_{11} & a_{12} & \cdots & a_{1n} \\
 & \cdots\cdots & & \\
a_{i1} & a_{i2} & \cdots & a_{in} \\
 & \cdots\cdots & & \\
a_{j1} & a_{j2} & \cdots & a_{jn} \\
 & \cdots\cdots & & \\
a_{m1} & a_{m2} & \cdots & a_{mn}
\end{bmatrix}
\begin{matrix} \\ \\ (i \\ \\ (j \\ \\ \\ \end{matrix}
$$

$$
= \begin{bmatrix}
a_{11} & a_{12} & \cdots & a_{1n} \\
 & \cdots\cdots & & \\
a_{i1}+ca_{j1} & a_{i2}+ca_{j2} & \cdots & a_{in}+ca_{jn} \\
 & \cdots\cdots & & \\
a_{j1} & a_{j2} & \cdots & a_{jn} \\
 & \cdots\cdots & & \\
a_{m1} & a_{m2} & \cdots & a_{mn}
\end{bmatrix}
\begin{matrix} \\ \\ (i \\ \\ \\ \\ \\ \end{matrix}
$$

A の第 i 行に第 j 行の c 倍が加わる．同様にして，A に右から $P_n(i,\ j;c)$ を掛けると，A の第 j 列に第 i 列の c 倍が加わることがわかる．

このように A に左または右から基本行列を掛けることによって生じる変形を**基本変形**という．まとめると次のようになる．

(L1) 第 i 行を一斉に c 倍 $(c \neq 0)$ する　($P_m(i;c)$ を左から掛ける)
(L2) 第 i 行と第 j 行を交換する　($P_m(i,\ j)$ を左から掛ける)
(L3) 第 i 行に第 j 行の c 倍を加える　($P_m(i,\ j;c)$ を左から掛ける)
(R1) 第 i 列を一斉に c 倍 $(c \neq 0)$ する　($P_n(i;c)$ を右から掛ける)
(R2) 第 i 列と第 j 列を交換する　($P_n(i,\ j)$ を右から掛ける)
(R3) 第 j 列に第 i 列の c 倍を加える　($P_n(i,\ j;c)$ を右から掛ける)

上の (L1) から (L3) までを**左基本変形**といい，(R1) から (R3) までを**右基本変形**という．ある行列に左基本変形を行うことはその行列に左から基本行列を掛けることと同値であり，右基本変形を行うことは右から基本行列を掛けることと同値である．

行列 A にある基本変形を行った結果，行列 B になることを $A \longrightarrow B$ と表わす．

例 1 $A = \begin{bmatrix} -1 & 3 & 1 & 0 \\ 3 & 0 & -2 & 5 \\ 0 & -1 & 1 & 3 \end{bmatrix} \longrightarrow \begin{bmatrix} -1 & 3 & 1 & 0 \\ 1 & 0 & -\frac{2}{3} & \frac{5}{3} \\ 0 & -1 & 1 & 3 \end{bmatrix}$

第2行を $\frac{1}{3}$ 倍した

これは行列の等式で表現すると，次のように A に左から $P_3(2; \frac{1}{3})$ を掛けることである．

$$\begin{bmatrix} 1 & 0 & 0 \\ 0 & \frac{1}{3} & 0 \\ 0 & 0 & 1 \end{bmatrix} \begin{bmatrix} -1 & 3 & 1 & 0 \\ 3 & 0 & -2 & 5 \\ 0 & -1 & 1 & 3 \end{bmatrix} = \begin{bmatrix} -1 & 3 & 1 & 0 \\ 1 & 0 & -\frac{2}{3} & \frac{5}{3} \\ 0 & -1 & 1 & 3 \end{bmatrix}$$ ▨

基本行列の性質から，基本変形は可逆的であることがわかる．つまり，基本変形によって $A \longrightarrow B$ とすることができるならば，逆にまた基本変形によって $B \longrightarrow A$ とすることができる．

なぜなら，もし仮に左基本変形によって $A \longrightarrow B$ であれば，適当な基本行列 X によって

$$XA = B$$

となる．X は正則であり，X^{-1} もまた基本行列である．

$$\begin{aligned} X^{-1}(XA) &= (X^{-1}X)A \\ &= E_m A = A \\ &= X^{-1}B \end{aligned}$$

この式は基本変形によって $B \longrightarrow A$ となることを表わしている．右基本変形の場合も同様である．

基本変形によって次のような変形が可能である．行列 A が与えられており，その $(i,\ j)$ 成分が 0 でないとする．

$$
i)\ \begin{bmatrix} & \overset{j}{\vdots} & \\ \cdots\cdots & a_{ij} & \\ & & \end{bmatrix}
$$

第 i 行に a_{ij} の逆数を掛けて，第 i 行を何倍かしたものを適当に他の行に加えることによって次のような形にできる．

$$
i)\ \begin{bmatrix} & \overset{j}{0} & \\ & \vdots & \\ & 0 & \\ \cdots\cdots\cdots & 1 & \\ & 0 & \\ & \vdots & \\ & 0 & \end{bmatrix}
$$

このような操作を，$(i,\ j)$ をかなめとして左から第 j 列を**掃き出す**という．さらに，第 j 列を何倍かしたものを適当に他の列に加えることによって次のような形にすることもできる．

$$
i)\ \begin{bmatrix} & & & \overset{j}{0} & & & & \\ & & & \vdots & & & & \\ & & & 0 & & & & \\ 0 & \cdots & 0 & 1 & 0 & \cdots & \cdots & 0 \\ & & & 0 & & & & \\ & & & \vdots & & & & \\ & & & 0 & & & & \end{bmatrix}
$$

この操作を，$(i,\ j)$ をかなめとして右から第 i 行を**掃き出す**という．

定理 3.1.1　任意の $(m,\ n)$ 型行列 A は何度か基本変形を行うことによって次の形に変形される．

$$
\begin{array}{c}
\begin{array}{cc} \overbrace{\hspace{9em}}^{r} & \overbrace{\hspace{9em}}^{n-r} \end{array} \\
\begin{array}{c} r\left\{ \vphantom{\begin{array}{c}1\\1\\ \ddots \\ \ddots \\ 1\end{array}} \right. \\ m-r\left\{ \vphantom{\begin{array}{c}1\\ \\O\\ \\ \end{array}} \right. \end{array}
\left[
\begin{array}{c|c}
\begin{array}{ccccc} 1 & & & & \\ & 1 & & O & \\ & & \ddots & & \\ & O & & \ddots & \\ & & & & 1 \end{array} & O \\
\hline
O & O
\end{array}
\right] = H_{m.n}(r)
\end{array}
$$

この r は基本変形の仕方によらず行列 A のみによって決まる．

上の $H_{m,n}(r)$ の形の行列を（行列 A の）**標準形**という．

与えられた行列を基本変形によって標準形にするアルゴリズム (手順) は次の通りである．

$(m,\ n)$ 型の行列 A が与えられたとする．もし A のすべての成分が 0 であれば A ははじめから標準形 $H_{m,n}(0)$ に等しい．したがって A は少なくとも 1 つ 0 でない成分を含むとしてよい．もし $(k,\ l)$ 成分が 0 でないとすれば，第 1 行と第 k 行を交換し，第 1 列と第 l 列を交換することによって $(1,\ 1)$ 成分 $a_{11} \neq 0$ とできる．

第 1 行に a_{11} の逆数を掛けて $(1,\ 1)$ 成分を 1 にできる．$(1,\ 1)$ をかなめとして左から第 1 列を掃き出し，また $(1,\ 1)$ をかなめとして右から第 1 行を掃き出せば次の形になる.

$$\left[\begin{array}{c|cccc} 1 & 0 & 0 & \cdots & 0 \\ \hline 0 & a'_{22} & \cdots & \cdots & a'_{2n} \\ 0 & & & & \\ \vdots & & \cdots\cdots\cdots & & \\ 0 & a'_{n2} & \cdots & \cdots & a'_{nn} \end{array}\right]$$

もし右下部分の $a'_{22}, \cdots, a'_{2n}, \cdots, a'_{n2}, \cdots, a'_{nn}$ がすべて 0 ならば，標準形 $H_{m,n}(1)$ になったことになる．したがって，そうでない場合を考えると，$a'_{22}, \cdots, a'_{2n}, \cdots, a'_{n2}, \cdots, a'_{nn}$ の中に少なくとも 1 つは 0 でない成分が含まれるわけであるから，適当に第 2 行以下で行と行の交換，第 2 列以下で列と列の交換を行えば (2, 2) 成分が 0 でないようにできる．第 2 行に (2, 2) 成分の逆数をかけて，(2, 2) をかなめとして左から第 2 列を掃き出し，また (2, 2) をかなめとして右から第 2 列を掃き出せば，次の形になる.

$$\left[\begin{array}{cc|ccc} 1 & 0 & 0 & \cdots & 0 \\ 0 & 1 & 0 & \cdots & 0 \\ \hline 0 & 0 & a''_{33} & \cdots & a''_{3n} \\ \vdots & \vdots & & \cdots\cdots\cdots & \\ 0 & 0 & a''_{n3} & \cdots & a''_{nn} \end{array}\right]$$

ここでもし右下部分の $a''_{33}, \cdots, a''_{3n}, \cdots, a''_{n3}, \cdots, a''_{nn}$ がすべて 0 ならば標準形 $H_{m,n}(2)$ になったことになる．そうでない場合は，右下部分についてまた上と同様の操作を続ける．以下同様に続けてゆけば，有限回の操作の後に $H_{m,n}(r)$ の形になる.

例 2 行列 $A = \begin{bmatrix} 0 & 1 & 3 & -1 \\ 4 & -1 & 2 & 5 \\ 4 & 1 & 8 & 3 \end{bmatrix}$ を基本変形によって標準形にする.

$$\longrightarrow \begin{bmatrix} 4 & -1 & 2 & 5 \\ 0 & 1 & 3 & -1 \\ 4 & 1 & 8 & 3 \end{bmatrix}$$

第1行と第2行を交換した

$$\longrightarrow \begin{bmatrix} 1 & -\frac{1}{4} & \frac{1}{2} & \frac{5}{4} \\ 0 & 1 & 3 & -1 \\ 4 & 1 & 8 & 3 \end{bmatrix}$$

第1行を $\frac{1}{4}$ 倍した

$$\longrightarrow \begin{bmatrix} 1 & -\frac{1}{4} & \frac{1}{2} & \frac{5}{4} \\ 0 & 1 & 3 & -1 \\ 0 & 2 & 6 & -2 \end{bmatrix}$$

第1行の (-4) 倍を第3行に加えた

$$\longrightarrow \begin{bmatrix} 1 & 0 & 0 & 0 \\ 0 & 1 & 3 & -1 \\ 0 & 2 & 6 & -2 \end{bmatrix}$$

第1列の $\frac{1}{4}$ 倍を第2列に加え,
第1列の $(-\frac{1}{2})$ 倍を第3列に加え,
第1列の $(-\frac{5}{4})$ 倍を第4列に加えた

$$\longrightarrow \begin{bmatrix} 1 & 0 & 0 & 0 \\ 0 & 1 & 3 & -1 \\ 0 & 0 & 0 & 0 \end{bmatrix}$$

第2行の (-2) 倍を第3行に加えた

$$\longrightarrow \begin{bmatrix} 1 & 0 & 0 & 0 \\ 0 & 1 & 0 & 0 \\ 0 & 0 & 0 & 0 \end{bmatrix}$$

第2列の (-3) 倍を第3列に加え,
第2列の1倍を第4列に加える

$$= H_{3,4}(2)$$

与えられた行列を基本変形によって標準形にする仕方は一通りではない．しかし，標準形は途中の基本変形の仕方によらず，行列 A だけで決まる．証明は以下の通り．

証明　$(m,\ n)$ 型の行列 A が，基本変形によって２通りの仕方で標準形になったとする．

$$A \longrightarrow \cdots \longrightarrow H_{m,n}(r)$$

$$A \longrightarrow \cdots \longrightarrow H_{m,n}(r')$$

仮に $r \neq r'$ であったとしよう．$r' > r$ として一般性を失わない（もし逆であったなら頭のなかで記号を入れ替えておけばよい）．基本変形は可逆的であるから，行列 $H_{m,n}(r)$ からスタートして基本変形を

$$H_{m,n}(r) \longrightarrow \cdots \longrightarrow A \longrightarrow \cdots \longrightarrow H_{m,n}(r')$$

と続けることによって $H_{m,n}(r')$ に変形することができる．この過程で f 回の左基本変形と g 回の右基本変形を行ったとする．基本変形を行うことは，基本行列を（左または右から）掛けることと同等であるから，各々の基本変形を行う代わりに，左または右から基本行列を掛けたと思えば，次のように表わされる．

$$T_f \cdots T_2 T_1 H_{m,n}(r) U_1 U_2 \cdots U_g = H_{m,n}(r')$$

ここで $T_1, T_2, \cdots, T_f$ は m 次の基本行列であり，$U_1, U_2, \cdots, U_g$ は n 次の基本行列である．

$$T = T_f \cdots T_2 T_1,$$
$$U = U_1 U_2 \cdots U_g$$

とおけば

$$T H_{m,n}(r) U = H_{m,n}(r') \tag{3.1}$$

となる．ここで T は m 次の正則行列，U は n 次の正則行列である．

$H_{m,n}(r)$ は，上から r 番目の成分の下で横に切り，左から r 番目の成分の右で縦に切ると次のように4つのブロックに分けられる．

$$H_{m,\ n} = \begin{bmatrix} E_r & \mathbf{0}_{r,n-r} \\ \mathbf{0}_{m-r,r} & \mathbf{0}_{m-r,n-r} \end{bmatrix}$$

これに合わせて T, U もそれぞれ上から r 番目の成分の下で横に切り，左から r 番目の成分の右で縦に切ると，

$$T = \left[\begin{array}{c|c} \overbrace{T_{11}}^{r} & \overbrace{T_{12}}^{m-r} \\ \hline T_{21} & T_{22} \end{array}\right] \begin{array}{l} \}\ r \\ \}\ m-r \end{array},$$

$$U = \left[\begin{array}{c|c} \overbrace{U_{11}}^{r} & \overbrace{U_{12}}^{n-r} \\ \hline U_{21} & U_{22} \end{array}\right] \begin{array}{l} \}\ r \\ \}\ n-r \end{array}.$$

$H_{m,n}(r')$ を同様にブロックに分けると

$$H_{m,n}(r') = \begin{bmatrix} \begin{array}{cc|c} \begin{matrix} 1 & & O \\ & \ddots & \\ & \ddots & \\ O & & 1 \end{matrix} \begin{matrix} & & \\ & & \\ & & r' \end{matrix} & O \\ \hline O & \begin{matrix} 1 & & \\ & \ddots & \\ & & 1 & \\ & & & O \end{matrix} \end{array} \end{bmatrix} \begin{matrix} \}\, r \\ \\ \}\, m-r \end{matrix}$$

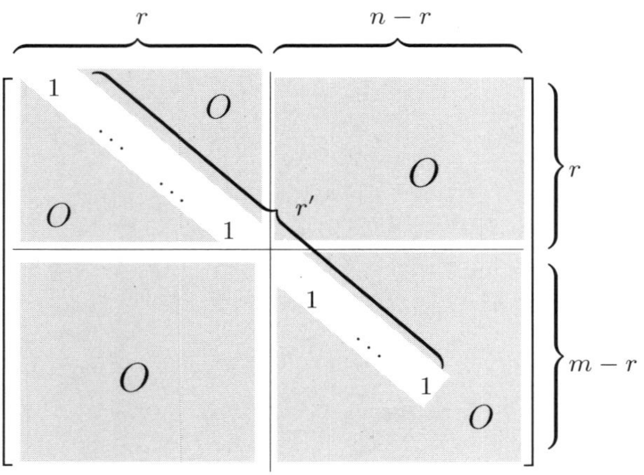

となる. よって (3.1) 式は

$$\begin{bmatrix} T_{11} & T_{12} \\ T_{21} & T_{22} \end{bmatrix} \begin{bmatrix} E_r & \mathbf{0}_{r,n-r} \\ \mathbf{0}_{m-r,r} & \mathbf{0}_{m-r,n-r} \end{bmatrix} \begin{bmatrix} U_{11} & U_{12} \\ U_{21} & U_{22} \end{bmatrix}$$

$$= \begin{bmatrix} \overbrace{T_{11}U_{11}}^{r} & \overbrace{T_{11}U_{12}}^{n-r} \\ \hline T_{21}U_{11} & T_{21}U_{12} \end{bmatrix} \begin{matrix} \}\, r \\ \}\, m-r \end{matrix}$$

$$= \begin{bmatrix} \begin{array}{c|c} \begin{matrix} 1 & & O \\ & \ddots & \\ & \ddots & \\ O & & 1 \\ & & r' \end{matrix} & O \\ \hline O & \begin{matrix} 1 & & \\ & \ddots & \\ & & 1 \\ & & & O \end{matrix} \end{array} \end{bmatrix} \begin{matrix} \}\, r \\ \\ \}\, m-r \end{matrix}$$

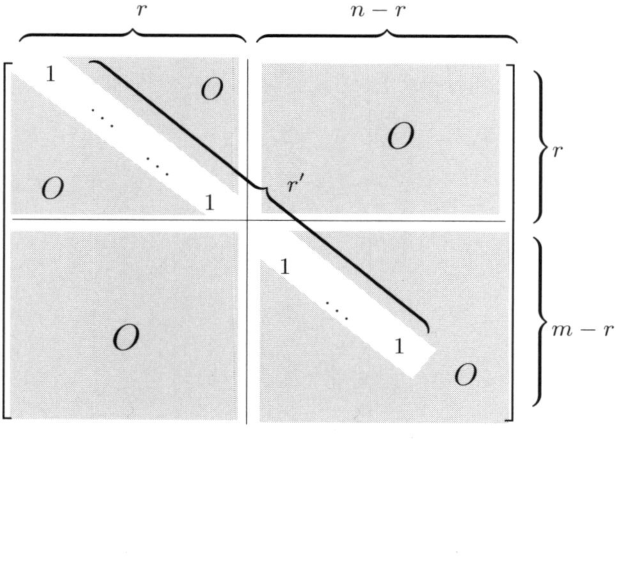

となる．ブロックごとに比較すると，

$$T_{11}U_{11} = E_r, \tag{3.2}$$

$$T_{11}U_{12} = \mathbf{0}_{r,n-r}, \tag{3.3}$$

$$T_{21}U_{11} = \mathbf{0}_{m-r,r}, \tag{3.4}$$

$$T_{21}U_{12} = \begin{bmatrix} 1 & & & \overbrace{\qquad}^{(r'-r)\text{ 個}} \\ & \ddots & & \\ & & 1 & \\ & & & O \end{bmatrix} \quad (r'-r \geq 1) \tag{3.5}$$

を得る．(3.2) 式から $\det T_{11} \neq 0$，したがって 2.6 節系 2.6.2 により，T_{11} は正則であり，$T_{11}^{-1} = U_{11}$．(3.3) 式から

$$T_{11}^{-1}T_{11}U_{12} = E_rU_{12} = U_{12} = T_{11}^{-1}\mathbf{0}_{r,n-r} = \mathbf{0}_{r,n-r}$$

となる．すると (3.5) 式の左辺は

$$T_{21}\mathbf{0}_{r,n-r} = \mathbf{0}_{r,n-r}$$

であるのに，右辺の成分には 1 が残っている．これは矛盾である．したがって $r = r'$ でなければならない． ▨

上の証明から，次のように定義することができる．

行列 A を基本変形によって標準形にしたとき，その中に 1 が r 個含まれるとする．このとき A の**階数**は r であるといい，rank $A = r$ と書く．

後で（4.6 節）これと同値な階数の定義を与える．

２つの数 m, n について，m, n のうち小さい方（大きくない方）を $\min\{m, n\}$ と書くことにすると，(m, n) 型の行列 A については

$$\text{rank } A \leq \min\{m, n\}$$

が成立する．特に A が n 次正方行列であれば rank $A \leq n$ である．

定理 3.1.2 n 次正方行列 A について，次の３つの条件は互いに同値である．

(I) $\det A \neq 0$.　(II) A は正則.　(III) rank $A = n$.

証明 (I) と (II) が同値であることは既に 2.6 節定理 2.6.1 で述べた.

(II) ⇒ (III). $\operatorname{rank} A = r$ とする. 仮に A が正則で, かつ $r < n$ であるとする. A の標準形を B とすると, B の一番下の行（第 n 行）はすべて 0 である.

A を基本変形で変形してゆくということは, 3.1 節で述べたように, A に左あるいは右から逐次基本行列を掛けてゆくことであるから,

$$T_f \cdots T_2 T_1 A U_1 U_2 \cdots U_g = B$$

となっている（$T_1, T_2, \cdots, T_f, U_1, U_2, \cdots, U_g$ は各々基本行列）. 基本行列は各々正則であるから, 積 B も正則である. したがって, B の逆行列 B^{-1} が存在して

$$BB^{-1} = E_n$$

となる. 右辺 E_n の (n, n) 成分は 1 であるが, B の第 n 行の成分はすべて 0 であるため, 行列の積の定義から, BB^{-1} の (n, n) 成分は 0 である. これは矛盾である.

(III) ⇒ (I) も同様に証明できる. ▨

❏ **問題 3.1.1** 次の行列の階数を求めなさい.

(1) $\begin{bmatrix} -2 & 3 & 1 & 0 \\ 1 & -1 & -2 & -3 \\ 1 & 0 & -5 & -9 \end{bmatrix}$　(2) $\begin{bmatrix} 1 & -1 & 0 \\ -1 & 0 & 1 \\ 0 & -1 & 1 \\ 2 & 1 & -2 \\ -3 & 5 & -4 \end{bmatrix}$

(3) $\begin{bmatrix} 2 & 0 & 4 & 3 \\ 1 & 2 & -1 & 0 \\ 3 & 1 & 5 & 2 \\ 4 & 1 & -1 & 0 \end{bmatrix}$　(4) $\begin{bmatrix} 2 & 2 & -1 & 1 \\ 5 & 1 & -2 & 3 \\ 8 & 0 & -3 & 5 \\ -2 & -2 & 1 & -1 \\ 2 & 1 & 2 & 0 \end{bmatrix}$

3.2 逆行列の計算

n 次正方行列 A がもし正則であるならば A の逆行列 A^{-1} が存在する. A^{-1} は 2.6 節定理 2.6.1 を使って求めることもできるが, 3.1 節の定理 3.1.2 から求めることもできる. 定理 3.1.2 とその証明から, A が正則であるならば

$$TAU = E_n$$

となる, 各々 n 次基本行列の積である行列 T, U が存在することがわかる.

$$TA = TAE_n = TAUU^{-1} = E_nU^{-1} = U^{-1},$$

$$UTA = UU^{-1} = E_n.$$

これは左基本変形だけで A を E_n に変形できることを示している．$UT = A^{-1}$ であるから，この UT を求めることができればよい．A が正則であるとき，A を左基本変形のみによって E_n にするアルゴリズムは次の通りである．

例 3　$A = \begin{bmatrix} -2 & 3 & 0 \\ 1 & 4 & -2 \\ 3 & 1 & -1 \end{bmatrix}$ に逆行列がもしあれば求めよう．

次のように A と単位行列 E_n（この場合は E_3）を並べて同時に左基本変形を行って左半分が単位行列になるように変形する．

$$[A,\ E_3] = \left[\begin{array}{ccc|ccc} -2 & 3 & 0 & 1 & 0 & 0 \\ 1 & 4 & -2 & 0 & 1 & 0 \\ 3 & 1 & -1 & 0 & 0 & 1 \end{array}\right]$$

$$\longrightarrow \left[\begin{array}{ccc|ccc} 1 & -\frac{3}{2} & 0 & -\frac{1}{2} & 0 & 0 \\ 1 & 4 & -2 & 0 & 1 & 0 \\ 3 & 1 & -1 & 0 & 0 & 1 \end{array}\right]$$

第 1 行を $(-\frac{1}{2})$ 倍した

$$\longrightarrow \left[\begin{array}{ccc|ccc} 1 & -\frac{3}{2} & 0 & -\frac{1}{2} & 0 & 0 \\ 0 & \frac{11}{2} & -2 & \frac{1}{2} & 1 & 0 \\ 0 & \frac{11}{2} & -1 & \frac{3}{2} & 0 & 1 \end{array}\right]$$

第 1 行の (-1) 倍を第 2 行に加え，
第 1 行の (-3) 倍を第 3 行に加えた

$$\longrightarrow \left[\begin{array}{ccc|ccc} 1 & -\frac{3}{2} & 0 & -\frac{1}{2} & 0 & 0 \\ 0 & 1 & -\frac{4}{11} & \frac{1}{11} & \frac{2}{11} & 0 \\ 0 & \frac{11}{2} & -1 & \frac{3}{2} & 0 & 1 \end{array}\right]$$

第 2 行を $\frac{2}{11}$ 倍した

$$\longrightarrow \left[\begin{array}{ccc|ccc} 1 & 0 & -\frac{6}{11} & -\frac{4}{11} & \frac{3}{11} & 0 \\ 0 & 1 & -\frac{4}{11} & \frac{1}{11} & \frac{2}{11} & 0 \\ 0 & 0 & 1 & 1 & -1 & 1 \end{array}\right]$$

第 2 行の $\frac{3}{2}$ 倍を第 1 行に加え，
第 2 行の $(-\frac{11}{2})$ 倍を第 3 行に加えた

$$\longrightarrow \left[\begin{array}{ccc|ccc} 1 & 0 & 0 & \frac{2}{11} & -\frac{3}{11} & \frac{6}{11} \\ 0 & 1 & 0 & \frac{5}{11} & -\frac{2}{11} & \frac{4}{11} \\ 0 & 0 & 1 & 1 & -1 & 1 \end{array}\right]$$

第3行の $\frac{6}{11}$ 倍を第1行に加え，
第3行の $\frac{4}{11}$ 倍を第2行に加えた

これより，

$$A^{-1} = \begin{bmatrix} \frac{2}{11} & -\frac{3}{11} & \frac{6}{11} \\ \frac{5}{11} & -\frac{2}{11} & \frac{4}{11} \\ 1 & -1 & 1 \end{bmatrix}.$$

理由は次の通りである．A と E_3 を並べて同じ左基本変形を行った結果，左半分の A が E_3 となった．この過程は上に述べた，A に左から UT を掛けたことに相当する．右半分は E_3 に左から UT を掛けたもの，すなわち $UTE_3 = UT = A^{-1}$ である． ▨

A が非正則である場合は上のようなアルゴリズムによって E_n に到達することはできない．

❑ **問題 3.2.1**　次の行列に逆行列があれば求めなさい．

(1) $\begin{bmatrix} -1 & 3 & 1 \\ 1 & -1 & 1 \\ 0 & -2 & -1 \end{bmatrix}$　　(2) $\begin{bmatrix} 1 & -1 & 0 & 1 \\ 2 & 0 & -1 & -1 \\ 1 & 1 & -1 & -1 \\ -1 & 3 & 0 & 1 \end{bmatrix}$

3.3　連立一次方程式

この節では連立一次方程式（一次方程式系）の解法を考える．

$$\begin{cases} a_{11}x_1 + a_{12}x_2 + \cdots + a_{1n}x_n = p_1 \\ a_{21}x_1 + a_{22}x_2 + \cdots + a_{2n}x_n = p_2 \\ \cdots\cdots\cdots\cdots\cdots\cdots\cdots\cdots \\ a_{m1}x_1 + a_{m2}x_2 + \cdots + a_{mn}x_n = p_m \end{cases} \tag{3.6}$$

左辺の $a_{11}, a_{12}, \cdots, a_{1n}, \cdots, a_{mn}$ と右辺の $p_1, p_2, \cdots, p_m$ は与えられた定数として，(3.6) 式をみたす $x_1, x_2, \cdots, x_n$ の値を求める問題である．$x_1, x_2, \cdots, x_n$

を**未知数**または**変数**という.

$$A = \begin{bmatrix} a_{11} & a_{12} & \cdots & a_{1n} \\ a_{21} & a_{22} & \cdots & a_{2n} \\ \cdots & \cdots & \cdots & \cdots \\ a_{m1} & a_{m2} & \cdots & a_{mn} \end{bmatrix},$$

$$\boldsymbol{x} = \begin{bmatrix} x_1 \\ x_2 \\ \vdots \\ x_n \end{bmatrix},\quad \boldsymbol{p} = \begin{bmatrix} p_1 \\ p_2 \\ \vdots \\ p_m \end{bmatrix}$$

とおくと，(3.6) は

$$A\boldsymbol{x} = \boldsymbol{p} \tag{3.7}$$

と表わされる．この A を連立一次方程式 (3.6) の**係数行列**という.

行列 A とベクトル $\boldsymbol{p}$ が与えられたとき，(3.7) 式をみたす $\boldsymbol{x}$ を求めるにはどうしたらよいか？　両辺を A で割ってみたらどうか.

$$\boldsymbol{x} = \frac{\boldsymbol{p}}{A}$$

これはなかなか悪くないのであるが，よく考えてみると，右辺の意味が不明である（ベクトルを行列で割るという演算は定義できない）．そこでもう少し工夫をしてみる.

$$\tilde{A} = \begin{bmatrix} a_{11} & a_{12} & \cdots & a_{1n} & p_1 \\ a_{21} & a_{22} & \cdots & a_{2n} & p_2 \\ \cdots & \cdots & \cdots & \cdots & \cdots \\ a_{m1} & a_{m2} & \cdots & a_{mn} & p_m \end{bmatrix},\quad \tilde{\boldsymbol{x}} = \begin{bmatrix} x_1 \\ x_2 \\ \vdots \\ x_n \\ -1 \end{bmatrix}$$

とおく．この $\tilde{A}$ を連立一次方程式 (3.6) の**拡大係数行列**という．すると (3.6) は

$$\tilde{A}\tilde{\boldsymbol{x}} = \boldsymbol{0} \tag{3.8}$$

と表わされる．ここで $\mathbf{0}$ は m 項零ベクトル $\begin{bmatrix} 0 \\ 0 \\ \vdots \\ 0 \end{bmatrix}$ を表わす．

$\tilde{A}$ をより簡単な形に変形することを考える．基本変形の (L1), (L2), (L3), (R2)（節，ただし，一番右の列は交換しない．一番右の列は初右辺に与えられた定数であって，質が異なる）を施すことによって，$\tilde{A}$ は次の形に変形できる．

$$\tilde{B} = \left[\begin{array}{cccccccc||c} 1 & 0 & \cdots & 0 & b_{1,r+1} & b_{1,r+2} & \cdots & b_{1,n} & e_1 \\ 0 & 1 & \cdots & 0 & b_{2,r+1} & b_{2,r+2} & \cdots & b_{2,n} & e_2 \\ \cdots & \cdots & \ddots & \cdots & \cdots & \cdots & \cdots & \cdots & \vdots \\ 0 & \cdots & \cdots & 1 & b_{r,r+1} & b_{r,r+2} & \cdots & b_{r,n} & e_r \\ \hline 0 & \cdots & \cdots & 0 & 0 & \cdots & \cdots & 0 & e_{r+1} \\ & \cdots & \cdots & & & \cdots & \cdots & & e_{r+2} \\ & \cdots & \cdots & & & \cdots & \cdots & & \vdots \\ 0 & \cdots & \cdots & 0 & 0 & \cdots & \cdots & 0 & e_m \end{array}\right]$$

（左上のブロックは r 次の単位行列）

このアルゴリズムは次の通りである．とりあえず $\tilde{A}$ の最後の列は無視して（もちろん $\tilde{A}$ に左基本変形を行うときは最後の列も変形を受けるが）$\tilde{A}$ の二重縦線より左だけを問題にする．

もし二重縦線より左部分の成分がすべて 0 であるならば，すでに上の $\tilde{B}$ の形になっている（$r = 0$）．もし二重縦線より左部分に 0 でない成分が少なくとも 1 つあるならば，適当に行の交換と列の交換を行って，(1, 1) 成分が 0 でないようにすることができる．第 1 行に (1, 1) 成分の逆数を掛けて，(1, 1) をかなめとして第 1 列を掃き出すと（3.1 節参照）次のような形になる．

$$\left[\begin{array}{c|ccc||c} 1 & & & & \\ \hline 0 & a'_{22} & \cdots\ \cdots & a'_{2n} & \\ 0 & & & & \\ \vdots & & \cdots\cdots\cdots & & \\ 0 & a'_{m2} & \cdots\ \cdots & a'_{mn} & \end{array}\right]$$

ここで，もし $a'_{22}, \cdots, a'_{2n}, \cdots, a'_{m2}, \cdots, a'_{mn}$ がすべて 0 であったならば $\tilde{B}$ の形になったことになる（$r = 1$）．もしそうでなければ，$a'_{22}, \cdots, a'_{2n}, \cdots, a'_{m2}, \cdots, a'_{mn}$ の中に少なくとも 1 つは 0 でない成分があるわけであるから，再び第 2 行以下と第 2 列以下（最後の列は除く）において適当に行の交換と列の交換をすることによって，(2, 2) 成分が 0 でないようにできる．

第 2 行に (2, 2) 成分の逆数を掛けて，(2, 2) をかなめとして左から第 2 列を掃き出せば次のような形になる．

$$\left[\begin{array}{cc|ccc||c} 1 & 0 & & & & \\ 0 & 1 & & & & \\ \hline 0 & 0 & a''_{33} & \cdots & a''_{3n} & \\ \vdots & \vdots & & \cdots\cdots\cdots & & \\ 0 & 0 & a''_{m3} & \cdots & a''_{mn} & \end{array}\right]$$

ここで，もし $a''_{33}, \cdots, a''_{3n}, \cdots, a''_{m3}, \cdots, a''_{mn}$ がすべて 0 であったならば $\tilde{B}$ の形になったことになる（$r = 2$）．もしそうでなければ，$a''_{33}, \cdots, a''_{3n}, \cdots, a''_{m3}, \cdots, a''_{mn}$ の中に少なくとも 1 つは 0 でない成分があるわけであるから，再び第 3 行以下と第 3 列以下（最後の列は除く）において適当に行の交換と列の交換を行って，(3, 3) 成分が 0 でないようにできる．

第 3 行に (3, 3) 成分の逆数を掛けて，(3, 3) をかなめとして左から第 3 列を掃き出す．以下同様に続ければ有限回の操作の後に $\tilde{B}$ の形になる．

$r = \mathrm{rank}\ A$ である．理由は次の通りである．二重縦線より左側のみ見るならば，基本変形によって A は次の形に変形されたことになる．

$$\left[\begin{array}{cccc|cccc}
1 & 0 & \cdots & 0 & b_{1,r+1} & b_{1,r+2} & \cdots & b_{1,n} \\
0 & 1 & \cdots & 0 & b_{2,r+1} & b_{2,r+2} & \cdots & b_{2,n} \\
0 & \cdots & \ddots & 0 & \cdots & \cdots & \cdots & \cdots \\
0 & \cdots & \cdots & 1 & b_{r,r+1} & b_{r,r+2} & \cdots & b_{r,n} \\
\hline
0 & \cdots & \cdots & 0 & 0 & \cdots & \cdots & 0 \\
 & \cdots & \cdots & & & \cdots & \cdots & \\
 & \cdots & \cdots & & & \cdots & \cdots & \\
0 & \cdots & \cdots & 0 & 0 & \cdots & \cdots & 0
\end{array}\right]$$

これは標準形ではない．しかしもし基本変形の (R3)（p.65）を許すならば，次の形にできる．

$$\left[\begin{array}{cccc|cccc}
1 & 0 & \cdots & 0 & 0 & \cdots & \cdots & 0 \\
0 & 1 & \cdots & 0 & 0 & \cdots & \cdots & 0 \\
0 & \cdots & \ddots & 0 & & \cdots & \cdots & \\
0 & \cdots & \cdots & 1 & 0 & \cdots & \cdots & 0 \\
\hline
0 & \cdots & \cdots & 0 & 0 & \cdots & \cdots & 0 \\
 & \cdots & \cdots & & & \cdots & \cdots & \\
 & \cdots & \cdots & & & \cdots & \cdots & \\
0 & \cdots & \cdots & 0 & 0 & \cdots & \cdots & 0
\end{array}\right]$$

（左上のブロックは r 次の単位行列）

したがって $r = \mathrm{rank}\ A$ である．

$\tilde{A}$ に基本変形 (L1)，(L2)，(L3)，(R2) を施すことによって上の $\tilde{B}$ に到達したわけであり，基本変形を行うことは左または右から基本行列を掛けることと同値であるから，

$$T_f \cdots T_2 T_1 \tilde{A} U_1 U_2 \cdots U_g = \tilde{B}$$

（$T_1,\ T_2,\ \cdots,\ T_f$ は $P_m(i;c)$，$P_m(i,\ j)$，$P_m(i,\ j;c)$ のいずれかの形の基本行列，$U_1,\ U_2,\ \cdots,\ U_g$ は $P_{n+1}(i,\ j)$，$1 \leq i,\ j \leq n$ の形の基本行列）

と表わされることがわかる．

$$T_f \cdots T_2 T_1 = T, \qquad U_1 U_2 \cdots U_g = U$$

とおけば $T\tilde{A}U=\tilde{B}$ となる．ここで，T は m 次の正則行列，U は $(n+1)$ 次の正則行列である．

(3.8) 式は

$$T\tilde{A}\tilde{\boldsymbol{x}} = T\mathbf{0} = \mathbf{0} \tag{3.9}$$

と変形される．$UU^{-1}=E_{n+1}$ であるから，(3.9) 式はさらに

$$T\tilde{A}(UU^{-1})\tilde{\boldsymbol{x}} = (T\tilde{A}U)(U^{-1}\tilde{\boldsymbol{x}}) = \tilde{B}(U^{-1}\tilde{\boldsymbol{x}}) = \mathbf{0} \tag{3.10}$$

となる．したがって，

$$U^{-1}\tilde{\boldsymbol{x}} = \tilde{\boldsymbol{y}} \tag{3.11}$$

とおけば，(3.10) 式は

$$\tilde{B}\tilde{\boldsymbol{y}} = \mathbf{0} \tag{3.12}$$

と書かれる．

$$\tilde{\boldsymbol{y}} = \begin{bmatrix} y_1 \\ y_2 \\ \vdots \\ y_n \\ -1 \end{bmatrix}$$

とおけば（最後の成分が -1 である理由は後で述べる）(3.12) 式は次のように書かれる．

$$\begin{cases} y_1 \qquad\qquad + b_{1,r+1}y_{r+1} + b_{1,r+2}y_{r+2} + \cdots + b_{1,n}y_n - e_1 = 0 \\ \quad y_2 \qquad + b_{2,r+1}y_{r+1} + b_{2,r+2}y_{r+2} + \cdots + b_{2,n}y_n - e_2 = 0 \\ \qquad\qquad \cdots\cdots\cdots\cdots\cdots\cdots \\ \qquad\quad y_r + b_{r,r+1}y_{r+1} + b_{r,r+2}y_{r+2} + \cdots + b_{r,n}y_n - e_r = 0 \\ \hfill -e_{r+1} = 0 \\ \hfill -e_{r+2} = 0 \\ \hfill \cdots \\ \hfill -e_m = 0 \end{cases} \tag{3.13}$$

これは連立一次方程式 (3.8) と同値であり，(3.8) における未知数 (変数) $x_1, x_2, \cdots, x_n$ と (3.13) における未知数（変数）y_1，y_2，$\cdots$，y_n とは関係式 (3.11) によって結ばれている．

(3.8) 式が解をもつと仮定する．ならば，(3.13) のすべての式をみたす $y_1, y_2, \cdots, y_n$ の値が存在する．このとき，特に (3.13) の $(r+1)$ 番目以下の式も成り立つわけであるから，

$$e_{r+1} = e_{r+2} = \cdots = e_m = 0$$

である．

逆に，$e_{r+1} = e_{r+2} = \cdots = e_m = 0$ であると仮定する．(3.13) において，$(n-r)$ 個の変数 y_{r+1}，y_{r+2}，$\cdots$，y_n はなんらの制約も受けない．すなわち，y_{r+1}，y_{r+2}，$\cdots$，y_n の値が何であろうとも後から y_1，y_2，$\cdots$，y_r を (3.13) をみたすように，

$$\begin{cases} y_1 = e_1 - b_{1,r+1}y_{r+1} - b_{1,r+2}y_{r+2} - \cdots - b_{1,n}y_n, \\ y_2 = e_2 - b_{2,r+1}y_{r+1} - b_{2,r+2}y_{r+2} - \cdots - b_{2,n}y_n, \\ \qquad \cdots\cdots\cdots\cdots\cdots\cdots \\ y_r = e_r - b_{r,r+1}y_{r+1} - b_{r,r+2}y_{r+2} - \cdots - b_{r,n}y_n \end{cases}$$

と定めることが出来るからである．このことから，

$$\begin{cases} y_{r+1} = \alpha_1, \\ y_{r+2} = \alpha_2, \\ \qquad \cdots \\ y_n = \alpha_{n-r}, \\ y_1 = e_1 - b_{1,r+1}\alpha_1 - b_{1,r+2}\alpha_2 - \cdots - b_{1,n}\alpha_{n-r}, \\ y_2 = e_2 - b_{2,r+1}\alpha_1 - b_{2,r+2}\alpha_2 - \cdots - b_{2,n}\alpha_{n-r}, \\ \qquad \cdots\cdots\cdots\cdots\cdots\cdots\cdots\cdots \\ y_r = e_r - b_{r,r+1}\alpha_1 - b_{r,r+2}\alpha_2 - \cdots - b_{r,n}\alpha_{n-r} \\ \qquad\qquad (\alpha_1, \alpha_2, \cdots, \alpha_{n-r}\text{は任意}) \end{cases}$$

が (3.13) の**一般解**（解のすべて）であることがわかる．

次に，変数変換 (3.11) の内容を考える．$\tilde{A}$ を $\tilde{B}$ に変形する過程において，第２列と第３列の交換と，第３列と第４列の交換を，この順序で行ったとする．この場合，(3.10) 式において，

$$U = P_{n+1}(2,\ 3)P_{n+1}(3,\ 4),$$
$$U^{-1} = P_{n+1}(3,\ 4)P_{n+1}(2,\ 3)$$

であるから，(3.11) 式は

$$\begin{bmatrix} y_1 \\ y_2 \\ y_3 \\ y_4 \\ y_5 \\ \vdots \\ y_n \\ -1 \end{bmatrix} = U^{-1}\tilde{\boldsymbol{x}} = P_{n+1}(3,\ 4)P_{n+1}(2,\ 3)\begin{bmatrix} x_1 \\ x_2 \\ x_3 \\ x_4 \\ x_5 \\ \vdots \\ x_n \\ -1 \end{bmatrix}$$

$$= P_{n+1}(3,\ 4)\begin{bmatrix} x_1 \\ x_3 \\ x_2 \\ x_4 \\ x_5 \\ \vdots \\ x_n \\ -1 \end{bmatrix} = \begin{bmatrix} x_1 \\ x_3 \\ x_4 \\ x_2 \\ x_5 \\ \vdots \\ x_n \\ -1 \end{bmatrix},$$

つまり，

$$y_1 = x_1,\ y_2 = x_3,\ y_3 = x_4,$$
$$y_4 = x_2,\ y_5 = x_5,\ \cdots,\ y_n = x_n.$$

このように，$\tilde{A}$ を $\tilde{B}$ に変形する過程においていかに列の交換を行ったかに応じて変数の番号が入れ替わっている．p.81 で，$\tilde{\boldsymbol{y}}$ の一番下の成分は常に -1 であると述べた理由も上のことからわかる．

例 4

$$
\left\{
\begin{array}{rrrrrl}
x_1 + & x_2 - & x_3 & & + \quad x_5 & = 4 \\
-x_1 + & x_2 - & 3x_3 + & 2x_4 - & x_5 & = 0 \\
2x_1 + & x_2 & & - \quad x_4 + & 3x_5 & = 7 \\
-x_1 + & 3x_2 - & 7x_3 + & 4x_4 - & 2x_5 & = 3 \\
2x_1 + & 2x_2 - & 2x_3 & & + 3x_5 & = 9
\end{array}
\right.
$$

拡大係数行列

$$
\tilde{A} = \left[\begin{array}{ccccc||c}
1 & 1 & -1 & 0 & 1 & 4 \\
-1 & 1 & -3 & 2 & -1 & 0 \\
2 & 1 & 0 & -1 & 3 & 7 \\
-1 & 3 & -7 & 4 & -2 & 3 \\
2 & 2 & -2 & 0 & 3 & 9
\end{array}\right]
$$

を前述の仕方で $\tilde{B}$ の形に変形する.

$$
\longrightarrow \left[\begin{array}{c|cccc||c}
1 & 1 & -1 & 0 & 1 & 4 \\
\hline
0 & 2 & -4 & 2 & 0 & 4 \\
0 & -1 & 2 & -1 & 1 & -1 \\
0 & 4 & -8 & 4 & -1 & 7 \\
0 & 0 & 0 & 0 & 1 & 1
\end{array}\right]
$$

$$
\longrightarrow \left[\begin{array}{c|cccc||c}
1 & 1 & -1 & 0 & 1 & 4 \\
\hline
0 & 1 & -2 & 1 & 0 & 2 \\
0 & -1 & 2 & -1 & 1 & -1 \\
0 & 4 & -8 & 4 & -1 & 7 \\
0 & 0 & 0 & 0 & 1 & 1
\end{array}\right]
$$

$$
\longrightarrow \left[\begin{array}{cc|ccc||c}
1 & 0 & 1 & -1 & 1 & 2 \\
0 & 1 & -2 & 1 & 0 & 2 \\
\hline
0 & 0 & 0 & 0 & 1 & 1 \\
0 & 0 & 0 & 0 & -1 & -1 \\
0 & 0 & 0 & 0 & 1 & 1
\end{array}\right]
$$

$$\longrightarrow \left[\begin{array}{cc|ccc||c} 1 & 0 & 1 & -1 & 1 & 2 \\ 0 & 1 & 0 & 1 & -2 & 2 \\ \hline 0 & 0 & 1 & 0 & 0 & 1 \\ 0 & 0 & -1 & 0 & 0 & -1 \\ 0 & 0 & 1 & 0 & 0 & 1 \end{array}\right]$$

$$\longrightarrow \left[\begin{array}{ccc|cc||c} 1 & 0 & 0 & -1 & 1 & 1 \\ 0 & 1 & 0 & 1 & -2 & 2 \\ 0 & 0 & 1 & 0 & 0 & 1 \\ \hline 0 & 0 & 0 & 0 & 0 & 0 \\ 0 & 0 & 0 & 0 & 0 & 0 \end{array}\right] = \tilde{B}$$

$r = \mathrm{rank}\ \tilde{A} = 3$ である．$e_4 = e_5 = 0$ であるから解をもつ．

$\tilde{B}\tilde{\boldsymbol{y}} = \mathbf{0}$ は

$$\begin{cases} y_1 \qquad\qquad - y_4 + y_5 - 1 = 0 \\ \quad y_2 \qquad + y_4 - 2y_5 - 2 = 0 \\ \qquad y_3 \qquad\qquad\quad - 1 = 0 \end{cases}$$

となる．y_4，y_5 は任意であるから

$$y_4 = \alpha,\quad y_5 = \beta\ (\alpha, \beta \text{ は独立に任意}),$$

$$y_1 = 1 + \alpha - \beta,\ \ y_2 = 2 - \alpha + 2\beta,\ \ y_3 = 1.$$

途中で第３列と第５列を交換したから，

$$y_1 = x_1,\ \ y_2 = x_2,\ \ y_3 = x_5,\ \ y_4 = x_4,\ \ y_5 = x_3,$$

したがって一般解は

$$\begin{cases} x_1 = 1 + \alpha - \beta, \quad x_2 = 2 - \alpha + 2\beta, \\ x_3 = \beta, \quad x_4 = \alpha, \quad x_5 = 1 \end{cases} \qquad (\alpha, \beta \text{ は任意})$$

となる．

注 意 上で求められた $\tilde{B}$ は変形の仕方によっては異なる形になり得る．α, β が独立に任意であるということは，見方によっては，x_1, x_2 が独立に任意であるともいえるわけであるから，例えば $x_1 = \mu$, $x_2 = \nu$ とおいて，これらが独立に任意であるとみれば，

$$\begin{cases} x_1 = \mu, \quad x_2 = \nu \\ x_3 = -3 + \nu + \mu, \quad x_4 = -4 + \nu + 2\mu, \quad x_5 = 1 \end{cases} \qquad (\mu, \nu \text{ は任意})$$

とも表わされる．これはみかけ上異なるが，先に得られた一般解とまったく同値である．

❏ **問題 3.3.1** 次の連立一次方程式を解きなさい．

(1) $$\begin{cases} x_1 - 2x_2 + x_3 + 6x_4 = 1 \\ 2x_1 + x_2 - x_3 - x_4 = 2 \\ -x_1 + 3x_3 + 2x_4 = -1 \\ x_2 + x_3 - x_4 = 0 \\ 3x_1 + 3x_2 - x_3 - 4x_4 = 3 \end{cases}$$

(2) $$\begin{cases} -2x_1 + x_2 - 2x_3 + 5x_4 - 5x_5 = -7 \\ x_1 - 3x_2 + 4x_3 - 8x_4 + 2x_5 = 14 \\ x_2 + 2x_3 - x_4 - 3x_5 = -1 \\ -x_1 - 2x_2 + 3x_3 - 4x_4 - 4x_5 = 8 \end{cases}$$

(3) $$\begin{cases} 2x_1 - x_2 + 4x_3 + x_4 = 1 \\ x_1 + x_2 - x_3 - 2x_4 = 2 \\ x_2 - 2x_3 - x_4 = 1 \\ -x_1 + 2x_2 - 5x_3 = -1 \\ x_1 - 3x_2 + 7x_3 + 5x_4 = 0 \end{cases}$$

(4) $$\begin{cases} 3x_1 - 2x_2 - x_3 - x_4 = 6 \\ -3x_2 + 2x_3 + x_4 = 8 \\ -x_1 - x_2 + 2x_3 + 3x_4 = 4 \\ -2x_1 - x_2 - 3x_3 + 4x_4 = 10 \\ 3x_1 + 4x_2 - x_3 - x_4 = -12 \end{cases}$$

(5) $$\begin{cases} x_1 + x_2 - 2x_3 - x_4 + 2x_5 + 3x_6 = 0 \\ -2x_1 + 2x_2 - 8x_3 + 10x_4 - x_5 - 8x_6 = 5 \\ -4x_1 + x_2 - 7x_3 + 14x_4 - 4x_5 = -8 \\ -x_2 + 3x_3 - 2x_4 + 5x_5 - x_6 = 6 \\ 3x_1 - x_2 + 6x_3 - 11x_4 + 2x_5 + 2x_6 = 3 \end{cases}$$

3.4　連立一次方程式のまとめと斉次連立一次方程式

前節で述べたことをまとめると，次のようになる．連立一次方程式

$$\begin{cases} a_{11}x_1 + a_{12}x_2 + \cdots + a_{1n}x_n = p_1 \\ a_{21}x_1 + a_{22}x_2 + \cdots + a_{2n}x_n = p_2 \\ \cdots\cdots\cdots\cdots\cdots\cdots\cdots\cdots \\ a_{m1}x_1 + a_{m2}x_2 + \cdots + a_{mn}x_n = p_m \end{cases} \tag{3.6}$$

に対して，係数行列

$$A = \begin{bmatrix} a_{11} & a_{12} & \cdots & a_{1n} \\ a_{21} & a_{22} & \cdots & a_{2n} \\ \cdots & \cdots & \cdots & \cdots \\ a_{m1} & a_{m2} & \cdots & a_{mn} \end{bmatrix}$$

と拡大係数行列

$$\tilde{A} = \begin{bmatrix} a_{11} & a_{12} & \cdots & a_{1n} & p_1 \\ a_{21} & a_{22} & \cdots & a_{2n} & p_2 \\ \cdots & \cdots & \cdots & \cdots & \cdots \\ a_{m1} & a_{m2} & \cdots & a_{mn} & p_m \end{bmatrix}$$

を考える．$\tilde{A}$ を変形して，

$$\tilde{B} = \left[\begin{array}{cccc|cccc||c} 1 & 0 & \cdots & 0 & b_{1,r+1} & b_{1,r+2} & \cdots & b_{1,n} & e_1 \\ 0 & 1 & \cdots & 0 & b_{2,r+1} & b_{2,r+2} & \cdots & b_{2,n} & e_2 \\ 0 & \cdots & \ddots & 0 & \cdots & \cdots & \cdots & \cdots & \cdots \\ 0 & \cdots & \cdots & 1 & b_{r,r+1} & b_{r,r+2} & \cdots & b_{r,n} & e_r \\ \hline 0 & \cdots & \cdots & 0 & 0 & \cdots & \cdots & 0 & e_{r+1} \\ & \cdots & \cdots & & & \cdots & \cdots & & e_{r+2} \\ & \cdots & \cdots & & & \cdots & \cdots & & \vdots \\ 0 & \cdots & \cdots & 0 & 0 & \cdots & \cdots & 0 & e_m \end{array}\right]$$

（左上のブロックは r 次の単位行列）

とすることができ，このとき $r = \mathrm{rank}\ A$ である．与えられた連立一次方程式 (3.6) が解をもつためには，

$$e_{r+1} = e_{r+2} = \cdots = e_m = 0$$

が必要十分である．このことは $\mathrm{rank}\ A = \mathrm{rank}\ \tilde{A}$ と同値である．

$\mathrm{rank}\ \tilde{A} = \mathrm{rank}\ A$ のとき，上に述べたように連立一次方程式 (3.6) は解をもつが，3.3 節に述べたように，このとき $(n-r)$ 個の変数 $y_{r+1}, y_{r+2}, \cdots, y_n$ は任意にとることができる．もし $n - r > 0$ $(\mathrm{rank}\ A < n)$ ならば少なくとも 1 つの変数は任意にとることができるのであるから，解は無数に多くある．また，もし $\mathrm{rank}\ A = n$ ならば，解は一意的である．すなわち次のように述べられる．

定理 3.4.1

(I) 連立一次方程式 (3.6) が解をもつための必要十分条件は

$$\mathrm{rank}\ A = \mathrm{rank}\ \tilde{A}$$

である（A は係数行列，$\tilde{A}$ は拡大係数行列）．

(II) 連立一次方程式 (3.6) が唯一の解をもつための必要十分条件は

$$\mathrm{rank}\ A = \mathrm{rank}\ \tilde{A} = n$$

である（n は未知数の個数）．

定数項がすべて 0 である連立一次方程式

$$\begin{cases} a_{11}x_1 + a_{12}x_2 + \cdots + a_{1n}x_n = 0 \\ a_{21}x_1 + a_{22}x_2 + \cdots + a_{2n}x_n = 0 \\ \cdots\cdots\cdots\cdots\cdots\cdots\cdots \\ a_{m1}x_1 + a_{m2}x_2 + \cdots + a_{mn}x_n = 0 \end{cases} \tag{3.14}$$

を**斉次連立一次方程式**という．

$$A = \begin{bmatrix} a_{11} & a_{12} & \cdots & a_{1n} \\ a_{21} & a_{22} & \cdots & a_{2n} \\ \cdots & \cdots & \cdots & \cdots \\ a_{m1} & a_{m2} & \cdots & a_{mn} \end{bmatrix}, \quad \boldsymbol{x} = \begin{bmatrix} x_1 \\ x_2 \\ \vdots \\ x_n \end{bmatrix}$$

とおけば，(3.14) は

$$\boldsymbol{A}\boldsymbol{x} = \boldsymbol{0} \tag{3.15}$$

と書かれる．

一般の連立一次方程式は必ずしも解をもたないが，斉次連立一次方程式は少なくとも

$$x_1 = x_2 = \cdots = x_n = 0$$

という解をもつ．これを**自明解**という．

したがって，定理 3.4.1 により，斉次連立一次方程式においては，常に係数行列の階数と拡大係数行列の階数は一致する．

斉次連立一次方程式の自明解でない解，つまり少なくとも 1 の $x_i \neq 0$ であるような解を**非自明解**という．

斉次連立一次方程式系 (3.14) が非自明解をもつということは，解が一意的でないということである．定理 3.4.1 によれば，このことは

$$\mathrm{rank}\ A < n$$

と同値である．

例 5

$$\begin{cases} x_1 + 2x_2 + \ \ x_3 + \ \ x_4 = 0 \\ -x_1 - 2x_2 + 3x_3 + 7x_4 = 0 \\ 2x_1 + 4x_2 - \ \ x_3 - 4x_4 = 0 \\ 3x_1 + 6x_2 + \ \ x_3 - \ \ x_4 = 0 \end{cases}$$

拡大係数行列を考えてもよいが，斉次連立一次方程式の場合最後の列はすべて 0 であるので，係数行列で十分である．連立一次方程式の場合と同様に，基本変形の (L1)，(L2)，(L3)，(R2) によって

$$A = \begin{bmatrix} 1 & 2 & 1 & 1 \\ -1 & -2 & 3 & 7 \\ 2 & 4 & -1 & -4 \\ 3 & 6 & 1 & -1 \end{bmatrix}$$

を

$$B = \left[\begin{array}{cccc|cccc} 1 & 0 & \cdots & 0 & b_{1,r+1} & b_{1,r+2} & \cdots & b_{1,n} \\ 0 & 1 & \cdots & 0 & b_{2,r+1} & b_{2,r+2} & \cdots & b_{2,n} \\ 0 & \cdots & \ddots & 0 & \cdots & \cdots & \cdots & \cdots \\ 0 & \cdots & \cdots & 1 & b_{r,r+1} & b_{r,r+2} & \cdots & b_{r,n} \\ \hline 0 & \cdots & \cdots & 0 & 0 & \cdots & \cdots & 0 \\ & \cdots & \cdots & & & \cdots & \cdots & \\ & \cdots & \cdots & & & \cdots & \cdots & \\ 0 & \cdots & \cdots & 0 & 0 & \cdots & \cdots & 0 \end{array}\right]$$

（左上のブロックは r 次の単位行列，p.87 の $\tilde{B}$ の最後の列を省略したもの）の形に変形する．

$$A = \begin{bmatrix} 1 & 2 & 1 & 1 \\ -1 & -2 & 3 & 7 \\ 2 & 4 & -1 & -4 \\ 3 & 6 & 1 & -1 \end{bmatrix} \longrightarrow \begin{bmatrix} 1 & 2 & 1 & 1 \\ 0 & 0 & 4 & 8 \\ 0 & 0 & -3 & -6 \\ 0 & 0 & -2 & -4 \end{bmatrix}$$

$$\longrightarrow \begin{bmatrix} 1 & 1 & 2 & 1 \\ 0 & 4 & 0 & 8 \\ 0 & -3 & 0 & -6 \\ 0 & -2 & 0 & -4 \end{bmatrix} \longrightarrow \begin{bmatrix} 1 & 1 & 2 & 1 \\ 0 & 1 & 0 & 2 \\ 0 & -3 & 0 & -6 \\ 0 & -2 & 0 & -4 \end{bmatrix}$$

$$\longrightarrow \begin{bmatrix} 1 & 0 & 2 & -1 \\ 0 & 1 & 0 & 2 \\ 0 & 0 & 0 & 0 \\ 0 & 0 & 0 & 0 \end{bmatrix} = B$$

よって $\operatorname{rank} A = 2$ であり，

$$\begin{bmatrix} 1 & 0 & 2 & -1 \\ 0 & 1 & 0 & 2 \\ 0 & 0 & 0 & 0 \\ 0 & 0 & 0 & 0 \end{bmatrix} \begin{bmatrix} y_1 \\ y_2 \\ y_3 \\ y_4 \end{bmatrix} = \mathbf{0}$$

より

$$\begin{cases} y_1 \qquad + 2y_3 - \ \ y_4 = 0 \\ \qquad y_2 \qquad + 2y_4 = 0 \end{cases}$$

途中で第２列と第３列を交換したので，

$$x_2 = y_3 = \alpha,\ x_4 = y_4 = \beta,$$
$$x_1 = y_1 = -2\alpha + \beta,\ \ x_3 = y_2 = -2\beta.$$

ここでもし $\alpha = \beta = 0$ とおけば，

$$x_1 = x_2 = x_3 = x_4 = 0,$$

つまり自明解となる．それ以外，例えば $\alpha = 1,\ \beta = 0$ とおけば，

$$x_1 = -2,\ x_2 = 1,\ x_3 = 0,\ x_4 = 0$$

という非自明解を得る．また，$\alpha = 0,\ \beta = 1$ とおけば

$$x_1 = 1,\ x_2 = 0,\ x_3 = -2,\ x_4 = 1$$

という非自明解を得る．これらは後に述べる解空間の基底となっている（4.7 節参照）．▨

❑ **問題 3.4.1**　次の斉次連立一次方程式を解きなさい．

(1) $$\begin{cases} 2x_1 - \ \ x_2 + 4x_3 = 0 \\ x_1 + 2x_2 - 3x_3 = 0 \\ -3x_1 + \ \ x_2 - 5x_3 = 0 \end{cases}$$

(2) $$\begin{cases} 3x_1 + 2x_2 - 13x_3 - 5x_4 + 2x_5 = 0 \\ x_1 - 4x_2 + \ \ 5x_3 + \ \ x_4 - 6x_5 = 0 \\ -2x_1 + 2x_2 + \ \ 2x_3 + 3x_4 + 5x_5 = 0 \\ x_1 + \ \ x_2 - \ \ 5x_3 - 2x_4 + \ \ x_5 = 0 \end{cases}$$

定理 3.4.2 斉次連立一次方程式

$$\begin{cases} a_{11}x_1 + a_{12}x_2 + \cdots + a_{1n}x_n = 0 \\ a_{21}x_1 + a_{22}x_2 + \cdots + a_{2n}x_n = 0 \\ \cdots\cdots\cdots\cdots\cdots\cdots\cdots \\ a_{m1}x_1 + a_{m2}x_2 + \cdots + a_{mn}x_n = 0 \end{cases} \tag{3.14}$$

において，もし m（式の個数）が n（未知数の個数）よりも小さいならば，(3.14) は非自明解をもつ．

証明 rank $A \leq m < n$ であるから定理 3.4.1 (II) により (3.14) の解は一意的でない．したがって自明解以外の解をもつ． ▨

最後に，一般の連立一次方程式と斉次連立一次方程式の関係を述べる．

連立一次方程式

$$A\boldsymbol{x} = \boldsymbol{p} \tag{3.7}$$

に対して，

$$A\boldsymbol{x} = \boldsymbol{0} \tag{3.15}$$

を (3.7) 式に**対応する斉次連立一次方程式**という．

(3.7) 式の 1 つの解を $\boldsymbol{x}_0$ とすると，

$$A\boldsymbol{x}_0 = \boldsymbol{p}. \tag{3.16}$$

(3.7) 式の別の解を $\boldsymbol{x}'$ とすると，

$$A\boldsymbol{x}' = \boldsymbol{p}. \tag{3.17}$$

(3.16) 式と (3.17) 式から

$$A(\boldsymbol{x}' - \boldsymbol{x}_0) = A\boldsymbol{x}' - A\boldsymbol{x}_0 = \boldsymbol{p} - \boldsymbol{p} = \boldsymbol{0},$$

したがって

$$\boldsymbol{y} = \boldsymbol{x}' - \boldsymbol{x}_0$$

とおけば，$\boldsymbol{y}$ は (3.15) 式の解であって

$$\boldsymbol{x}' = \boldsymbol{x} + \boldsymbol{y} \tag{3.18}$$

となる．逆に，$\boldsymbol{y}$ が (3.15) 式の解であるとして，(3.18) 式によって $\boldsymbol{x}'$ を定めれば，

$$A\boldsymbol{x}' = A\boldsymbol{x} + A\boldsymbol{y} = \boldsymbol{p} + \boldsymbol{0} = \boldsymbol{p}$$

より，$\boldsymbol{x}'$ は (3.7) 式の解である．

つまり，(3.7) 式のある解 $\boldsymbol{x}_0$ を固定すれば，

$$\{(3.7)\text{ 式の一般解 }\} = \boldsymbol{x}_0 + \{(3.15)\text{ 式の一般解 }\}$$

となっている．

章 末 問 題

1. 空間において，3点 A (a_1, a_2, a_3)，B (b_1, b_2, b_3)，C (c_1, c_2, c_3) が同一直線上にないならば，この3点を含む平面の方程式は

$$\begin{vmatrix} x & a_1 & b_1 & c_1 \\ y & a_2 & b_2 & c_2 \\ z & a_3 & b_3 & c_3 \end{vmatrix} = 0$$

で与えられることを示しなさい．

2. ζ は $\zeta^3 = 1$ をみたす実数でない複素数とすると，

$$\begin{vmatrix} x & y & z \\ z & x & y \\ y & z & x \end{vmatrix} = (x+y+z)(x+\zeta y+\zeta^2 z)(x+\zeta^2 y+\zeta z)$$

となることを示しなさい．

3. A を n 次正方行列，P, Q を n 次正則行列とするとき，行列 PAQ の階数は A の階数と等しいことを証明しなさい．

4. $A = \begin{bmatrix} 0 & x & y \\ 0 & 0 & z \\ 0 & 0 & 0 \end{bmatrix}$ について $(A+E_3)^3$ を求めなさい．

5. 複素数 $z = a + bi$（a, b は実数）に対して行列 $\begin{bmatrix} a & -b \\ b & a \end{bmatrix}$ を対応させる写像を μ とする．μ は単射で，任意の複素数 z_1, z_2 について，

$$\mu(z_1+z_2) = \mu(z_1)+\mu(z_2), \qquad \mu(z_1 z_2) = \mu(z_1)\mu(z_2)$$

となることを示しなさい．

第4章 線形空間と次元

我々は本や新聞で次元という言葉をしばしば目にし，それについてなんとなくわかっているつもりでいるが，改めてその正確な意味を問われると困る人が多いのではないだろうか．この章では次元を問題にする．

4.1 線形空間の定義

本章ではベクトル空間の一般的な理論を解説する．以下 K は実数体 $\mathbf{R}$ または複素数体 $\mathbf{C}$ を表わすものとする．一般に体 K（A.4 節参照）について，K 上の線形空間を考えることができるが，ここでは簡単のため実数体と複素数体上の線形空間を考える．

空ではない集合 V 上に次の (I)，(II) の構造が与えられているとき，V を K 上の**線形空間**または**ベクトル空間**という．

(I) V の任意の２つの元 $\boldsymbol{x}, \boldsymbol{y}$ に対して，$\boldsymbol{x}+\boldsymbol{y}$ と記される V の元が対応し，次をみたす．

(1) $\boldsymbol{x}+\boldsymbol{y}=\boldsymbol{y}+\boldsymbol{x}$
(2) $(\boldsymbol{x}+\boldsymbol{y})+\boldsymbol{z}=\boldsymbol{x}+(\boldsymbol{y}+\boldsymbol{z})$
(3) V の特定の元 $\boldsymbol{n}$ で，V の任意の元 $\boldsymbol{x}$ に対して $\boldsymbol{x}+\boldsymbol{n}=\boldsymbol{x}$ となるものが存在する．
(4) V の任意の元 $\boldsymbol{x}$ に対して，$\boldsymbol{x}+\boldsymbol{x}'=\boldsymbol{n}$ となる V の元 $\boldsymbol{x}'$ をとることができる（$\boldsymbol{n}$ は (3) で述べたもの）．

(II)　V の任意の元 $\boldsymbol{x}$ と K の任意の元 α に対して $\alpha\boldsymbol{x}$ と記される V の元が定まり，次をみたす．

(5)　$(\alpha_1+\alpha_2)\boldsymbol{x}=\alpha_1\boldsymbol{x}+\alpha_2\boldsymbol{x}$
(6)　$\alpha(\boldsymbol{x}_1+\boldsymbol{x}_2)=\alpha\boldsymbol{x}_1+\alpha\boldsymbol{x}_2$
(7)　$\alpha_1(\alpha_2\boldsymbol{x})=(\alpha_1\alpha_2)\boldsymbol{x}$
(8)　$1\boldsymbol{x}=\boldsymbol{x}$

V が K 上の線形空間であるとき，K のことを V の**係数体**という．K が実数体であるとき V を**実線形空間**といい，K が複素数体であるとき V を**複素線形空間**という．V の元を**ベクトル**といい，K の元を**スカラー**という．$\boldsymbol{x}+\boldsymbol{y}$ を $\boldsymbol{x}$ と $\boldsymbol{y}$ の**和**といい，$\alpha\boldsymbol{x}$ を $\boldsymbol{x}$ の $\boldsymbol{\alpha}$ **倍**（**スカラー倍**）という．

注　意　V が K 上の線形空間であるとすれば，(3) の条件をみたすベクトル $\boldsymbol{n}$ は V に唯一である．

証明　同じ条件をみたす V のベクトル $\boldsymbol{n}'$ があるとすると，

$$\boldsymbol{n}=\boldsymbol{n}'+\boldsymbol{n}=\boldsymbol{n}+\boldsymbol{n}'=\boldsymbol{n}'$$

となる．　▨

(3) の性質をもつ V のベクトル $\boldsymbol{n}$ を V の**零ベクトル**といい，$\boldsymbol{0}$ と記す．

注　意　(4) で述べられた V の元 $\boldsymbol{x}'$ は $\boldsymbol{x}$ に対して一意的に決まる．

証明　V のもう 1 つの元 $\boldsymbol{x}''$ で $\boldsymbol{x}+\boldsymbol{x}''=\boldsymbol{0}$ をみたすものがあったとすると，

$$\begin{aligned}\boldsymbol{x}'&=\boldsymbol{x}'+\boldsymbol{0}=\boldsymbol{x}'+(\boldsymbol{x}+\boldsymbol{x}')\\&=(\boldsymbol{x}'+\boldsymbol{x})+\boldsymbol{x}''=(\boldsymbol{x}+\boldsymbol{x}')+\boldsymbol{x}''\quad\text{((1) による)}\\&=\boldsymbol{0}+\boldsymbol{x}''=\boldsymbol{x}''+\boldsymbol{0}=\boldsymbol{x}''.\end{aligned}$$

▨

(4) をみたす V のベクトル $\boldsymbol{x}'$ を $\boldsymbol{x}$ の**逆ベクトル**といい，$-\boldsymbol{x}$ と書き表わす．つまり，$-\boldsymbol{x}$ は

$$\boldsymbol{x}+(-\boldsymbol{x})=(-\boldsymbol{x})+\boldsymbol{x}=\boldsymbol{0}$$

をみたす V の唯一の元である．

注　意　$(-1)\boldsymbol{x} = -\boldsymbol{x}$.
V の任意のベクトル $\boldsymbol{x}$ について，$0\boldsymbol{x} = \boldsymbol{0}$.
また，任意のスカラー α について，$\alpha\boldsymbol{0} = \boldsymbol{0}$．これらの証明は読者に任せる.

$\boldsymbol{x} + (-\boldsymbol{y})$ を $\boldsymbol{x} - \boldsymbol{y}$ と表わす.

上の形式的な定義だけで線形空間のイメージがわく人は希であろう．歴史的にはベクトルという概念が先行していて，空間ベクトルとか

$$\overrightarrow{\boldsymbol{a}} = \begin{bmatrix} a_1 \\ a_2 \\ a_3 \end{bmatrix}$$

といったものをベクトルと呼んでいたが，線形空間という統一的な概念ができてから，逆に線形空間の元を抽象的にベクトルというようになった．まず，歴史的に先行する概念（線形空間のモデル）を並べてみよう.

例 1　空間ベクトルの全体は下図のように与えられる和とスカラー倍について実数体 $\mathbf{R}$ 上の線形空間である.

和

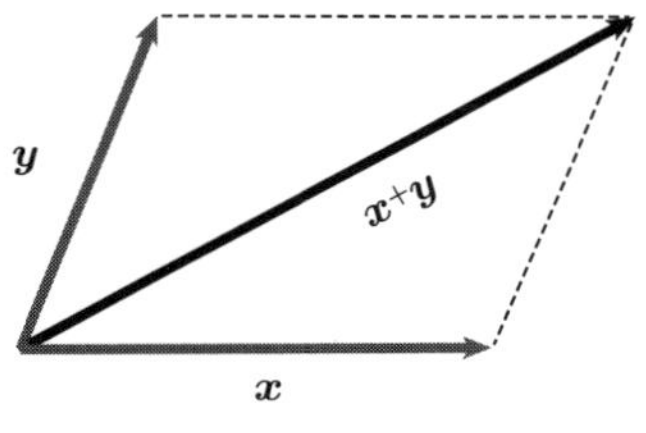

スカラー倍

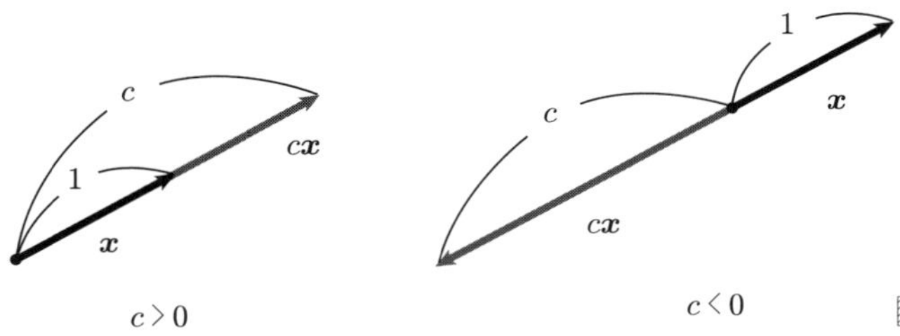

例 2　K に成分をもつ n 項列ベクトル

$$\boldsymbol{x} = \begin{bmatrix} x_1 \\ x_2 \\ \vdots \\ x_n \end{bmatrix}$$

の全体 K^n は和

$$\begin{bmatrix} x_1 \\ x_2 \\ \vdots \\ x_n \end{bmatrix} + \begin{bmatrix} y_1 \\ y_2 \\ \vdots \\ y_n \end{bmatrix} = \begin{bmatrix} x_1 + y_1 \\ x_2 + y_2 \\ \vdots \\ x_n + y_n \end{bmatrix}$$

とスカラー倍

$$a \begin{bmatrix} x_1 \\ x_2 \\ \vdots \\ x_n \end{bmatrix} = \begin{bmatrix} ax_1 \\ ax_2 \\ \vdots \\ ax_n \end{bmatrix} \quad (a \in K)$$

によって K 上の線形空間となる. ▨

例 3　閉区間 $a \leq x \leq b$ で定義された連続関数の全体 $C([a,\ b])$ は次の和とスカラー倍について実数体 $\mathbf{R}$ 上の線形空間となる.

$$\begin{aligned} (f+g)(x) &= f(x) + g(x), \\ (cf)(x) &= cf(x) \end{aligned} \qquad (f,\ g \in V,\ c \in \mathbf{R}).$$ ▨

4.2　ベクトルの一次独立性と一次従属性

V を K 上の線形空間とし，$\boldsymbol{a}_1, \boldsymbol{a}_2, \cdots, \boldsymbol{a}_n$ を V に属するベクトル，$c_1, c_2, \cdots, c_n$ を K の元とする．

$$c_1\boldsymbol{a}_1 + c_2\boldsymbol{a}_2 + \cdots + c_n\boldsymbol{a}_n$$

を $\boldsymbol{a}_1, \boldsymbol{a}_2, \cdots, \boldsymbol{a}_n$ の**一次結合**（**線形結合**）という．

$$c_1\boldsymbol{a}_1 + c_2\boldsymbol{a}_2 + \cdots + c_n\boldsymbol{a}_n = \boldsymbol{0}$$

となるとき，これを $\boldsymbol{a}_1, \boldsymbol{a}_2, \cdots, \boldsymbol{a}_n$ の**線形関係**という．

$\boldsymbol{a}_1, \boldsymbol{a}_2, \cdots, \boldsymbol{a}_n$ がどのようなベクトルであっても，常に

$$0\boldsymbol{a}_1 + 0\boldsymbol{a}_2 + \cdots + 0\boldsymbol{a}_n = \boldsymbol{0}$$

となる．これを**自明な線形関係**という．これに対して，少なくとも 1 つは 0 でないようなスカラー $c_1, c_2, \cdots, c_n$ について

$$c_1\boldsymbol{a}_1 + c_2\boldsymbol{a}_2 + \cdots + c_n\boldsymbol{a}_n = \boldsymbol{0}$$

となるとき，これを**非自明な線形関係**という．

非自明な線形関係は常にあるとは限らない．$\boldsymbol{a}_1, \boldsymbol{a}_2, \cdots, \boldsymbol{a}_n$ の間に非自明な線形関係が存在しないとき，つまり

$$c_1\boldsymbol{a}_1 + c_2\boldsymbol{a}_2 + \cdots + c_n\boldsymbol{a}_n = \boldsymbol{0}$$

となるのは $c_1 = c_2 = \cdots = c_n = 0$ の場合に限られるとき，$\boldsymbol{a}_1, \boldsymbol{a}_2, \cdots, \boldsymbol{a}_n$ は**一次独立**（**線形独立**）であるという．これに対して，$\boldsymbol{a}_1, \boldsymbol{a}_2, \cdots, \boldsymbol{a}_n$ の間の非自明な線形関係が存在するとき，つまり少なくとも 1 つは 0 でないようなスカラー $c_1, c_2, \cdots, c_n$ で

$$c_1\boldsymbol{a}_1 + c_2\boldsymbol{a}_2 + \cdots + c_n\boldsymbol{a}_n = \boldsymbol{0}$$

となるものが存在するとき，$\boldsymbol{a}_1, \boldsymbol{a}_2, \cdots, \boldsymbol{a}_n$ は**一次従属**（**線形従属**）であるという．

例 4 4.1 節例 2 で述べたように, 3 項実列ベクトル全体 $\mathbf{R}^3$ は $\mathbf{R}$ 上の線形空間である. この $\mathbf{R}^3$ において, $\boldsymbol{a}_1 = \begin{bmatrix} 1 \\ -2 \\ 0 \end{bmatrix}$, $\boldsymbol{a}_2 = \begin{bmatrix} 5 \\ 1 \\ 2 \end{bmatrix}$, $\boldsymbol{a}_3 = \begin{bmatrix} 2 \\ -4 \\ 0 \end{bmatrix}$ の間には

$$2\boldsymbol{a}_1 + 0\boldsymbol{a}_2 + (-1)\boldsymbol{a}_3 = \mathbf{0}$$

という関係が成り立つ. これは $\boldsymbol{a}_1, \boldsymbol{a}_2, \boldsymbol{a}_3$ の間の非自明な線形関係であるから, $\boldsymbol{a}_1, \boldsymbol{a}_2, \boldsymbol{a}_3$ は一次従属である. ▨

例 5 例 4 と同じ線形空間 $\mathbf{R}^3$ において,

$$\boldsymbol{b}_1 = \begin{bmatrix} 1 \\ 1 \\ 0 \end{bmatrix}, \quad \boldsymbol{b}_2 = \begin{bmatrix} 1 \\ 0 \\ 1 \end{bmatrix}, \quad \boldsymbol{b}_3 = \begin{bmatrix} 0 \\ 1 \\ 1 \end{bmatrix}$$

とする. 仮にこれらの間に

$$c_1\boldsymbol{b}_1 + c_2\boldsymbol{b}_2 + c_3\boldsymbol{b}_3 = \mathbf{0} \quad (c_1,\ c_2,\ c_3 \text{ は実数}) \tag{4.1}$$

という関係があるとする. 4.1 節例 2 で与えた和とスカラー倍の定義により,

$$\begin{cases} c_1 + c_2 = 0 \\ c_1 + c_3 = 0 \\ c_2 + c_3 = 0 \end{cases}$$

を得る. この連立一次方程式の解が

$$c_1 = c_2 = c_3 = 0$$

のみであることは容易にわかるから, (4.1) 式は非自明な線形関係にはなり得ない. したがって $\boldsymbol{b}_1, \boldsymbol{b}_2, \boldsymbol{b}_3$ は一次独立である. ▨

注 意 一次独立であること, 一次従属であることはベクトルの並べ方には無関係である.

注 意 もし n 個のベクトル $\boldsymbol{a}_1, \boldsymbol{a}_2, \cdots, \boldsymbol{a}_n$ が一次独立であるならば, その一部分をとり出しても一次独立である.

注 意 1個だけのベクトルについては $\boldsymbol{a}$ が一次独立であることは $\boldsymbol{a} \neq \boldsymbol{0}$ と同値である．しかし，２個以上のベクトル $\boldsymbol{a}_1, \boldsymbol{a}_2, \cdots, \boldsymbol{a}_n$ $(n \geq 2)$ については，これらが一次独立であることと，$\boldsymbol{a}_1 \neq \boldsymbol{0}$, $\boldsymbol{a}_2 \neq \boldsymbol{0}$, $\cdots$, $\boldsymbol{a}_n \neq \boldsymbol{0}$ とは同値ではない（例４）．

命題 4.2.1 V を K 上の線形空間とする．V のベクトル $\boldsymbol{a}_1, \boldsymbol{a}_2, \cdots, \boldsymbol{a}_n$ $(n \geq 2)$ が一次従属であるための必要十分条件は，$\boldsymbol{a}_1, \boldsymbol{a}_2, \cdots, \boldsymbol{a}_n$ の中のある $\boldsymbol{a}_k$ が他の $\boldsymbol{a}_1, \cdots, \boldsymbol{a}_{k-1}, \boldsymbol{a}_{k+1}, \cdots, \boldsymbol{a}_n$ の一次結合として表わされることである．

証明 仮に $\boldsymbol{a}_1, \boldsymbol{a}_2, \cdots, \boldsymbol{a}_n$ が一次従属であるとする．このとき少なくとも１つの $c_k \neq 0$ である K の元 c_1, c_2, $\cdots$, c_k, $\cdots$, c_n で

$$c_1\boldsymbol{a}_1 + c_2\boldsymbol{a}_2 + \cdots + c_k\boldsymbol{a}_k + \cdots + c_n\boldsymbol{a}_n = \boldsymbol{0}$$

となるものが存在する．この式の両辺に c_k^{-1} を掛けて移項すると

$$\begin{aligned}\boldsymbol{a}_k &= (-c_k^{-1}c_1)\boldsymbol{a}_1 + (-c_k^{-1}c_2)\boldsymbol{a}_2 + \cdots + (-c_k^{-1}c_{k-1})\boldsymbol{a}_{k-1} + (-c_k^{-1}c_{k+1})\boldsymbol{a}_{k+1} \\ &\quad + \cdots + (-c_k^{-1}c_n)\boldsymbol{a}_n\end{aligned}$$

となり，$\boldsymbol{a}_k$ が $\boldsymbol{a}_1, \cdots, \boldsymbol{a}_{k-1}, \boldsymbol{a}_{k+1}, \cdots, \boldsymbol{a}_n$ の一次結合として表わされる．

逆に，$\boldsymbol{a}_k$ が

$$\boldsymbol{a}_k = d_1\boldsymbol{a}_1 + \cdots + d_{k-1}\boldsymbol{a}_{k-1} + d_{k+1}\boldsymbol{a}_{k+1} + \cdots + d_n\boldsymbol{a}_n$$

と表わされたとすると，

$$(-d_1)\boldsymbol{a}_1 + \cdots + (-d_{k-1})\boldsymbol{a}_{k-1} + 1\boldsymbol{a}_k + (-d_{k+1})\boldsymbol{a}_{k+1} + \cdots + (-d_n)\boldsymbol{a}_n = \boldsymbol{0}$$

となる．この線形関係は非自明であるので，$\boldsymbol{a}_1, \boldsymbol{a}_2, \cdots, \boldsymbol{a}_n$ は一次従属である． ▨

上の命題の対偶は，V のベクトル $\boldsymbol{a}_1, \boldsymbol{a}_2, \cdots, \boldsymbol{a}_n$ $(n \geq 2)$ が一次独立であるための必要十分条件は，$\boldsymbol{a}_1, \boldsymbol{a}_2, \cdots, \boldsymbol{a}_n$ の中のどの $\boldsymbol{a}_k$ も他の $\boldsymbol{a}_1, \cdots, \boldsymbol{a}_{k-1}$, $\boldsymbol{a}_{k+1}, \cdots, \boldsymbol{a}_n$ の一次結合として表わされないことである，ということである．

補題 4.2.2 V を K 上の線形空間とする．V のベクトル $\boldsymbol{a}_1, \boldsymbol{a}_2, \cdots, \boldsymbol{a}_n$ が一次独立であり，$\boldsymbol{a}$ は $\boldsymbol{a}_1, \boldsymbol{a}_2, \cdots, \boldsymbol{a}_n$ の一次結合として表わされない V のベクトルとする．ならば $(n+1)$ 個のベクトル $\boldsymbol{a}_1, \boldsymbol{a}_2, \cdots, \boldsymbol{a}_n, \boldsymbol{a}$ は一次独立である．

証明　仮に

$$c_1\boldsymbol{a}_1 + c_2\boldsymbol{a}_2 + \cdots + c_n\boldsymbol{a}_n + c\boldsymbol{a} = \boldsymbol{0} \quad (c_1,\ c_2,\ \cdots,\ c_n,\ c \in K) \tag{4.2}$$

とする．もし $c \neq 0$ ならば，(4.2) 式の両辺に c^{-1} を掛けて移項することにより

$$\boldsymbol{a} = -c^{-1}c_1\boldsymbol{a}_1 - c^{-1}c_2\boldsymbol{a}_2 - \cdots - c^{-1}c_n\boldsymbol{a}_n$$

となり，$\boldsymbol{a}$ が $\boldsymbol{a}_1, \boldsymbol{a}_2, \cdots, \boldsymbol{a}_n$ の一次結合として表わされないという仮定に反する．したがって $c = 0$ であり，(4.2) 式は

$$c_1\boldsymbol{a}_1 + c_2\boldsymbol{a}_2 + \cdots + c_n\boldsymbol{a}_n = \boldsymbol{0}$$

となる．仮定により，$\boldsymbol{a}_1, \boldsymbol{a}_2, \cdots, \boldsymbol{a}_n$ は一次独立であるから，

$$c_1 = c_2 = \cdots = c_n = 0$$

となる．したがって $\boldsymbol{a}_1, \boldsymbol{a}_2, \cdots, \boldsymbol{a}_n, \boldsymbol{a}$ は一次独立である．▨

注　意　K 上の線形空間 V においてベクトル $\boldsymbol{a}_1, \boldsymbol{a}_2, \cdots, \boldsymbol{a}_n$ が一次独立であり，V のベクトル $\boldsymbol{a}$ が

$$\boldsymbol{a} = c_1\boldsymbol{a}_1 + c_2\boldsymbol{a}_2 + \cdots + c_n\boldsymbol{a}_n \quad (c_1,\ c_2,\ \cdots,\ c_n \in K)$$

と表わされるとすれば，このような表わし方は一意的である．

❑ 問題 4.2.1

(1)　実数体上の線形空間 $\mathbf{R}^4$ において，４つのベクトル

$$\boldsymbol{a}_1 = \begin{bmatrix} 1 \\ -1 \\ 1 \\ 0 \end{bmatrix},\quad \boldsymbol{a}_2 = \begin{bmatrix} 2 \\ 0 \\ -1 \\ 1 \end{bmatrix},\quad \boldsymbol{a}_3 = \begin{bmatrix} -1 \\ 1 \\ 0 \\ 2 \end{bmatrix},\quad \boldsymbol{a}_4 = \begin{bmatrix} 1 \\ 3 \\ -1 \\ -1 \end{bmatrix}$$

は一次独立であることを示しなさい．

(2)　$\mathbf{R}^4$ において，$\boldsymbol{b} = \begin{bmatrix} 6 \\ 2 \\ 1 \\ -4 \end{bmatrix}$ を (1) の $\boldsymbol{a}_1, \boldsymbol{a}_2, \boldsymbol{a}_3, \boldsymbol{a}_4$ の線形結合として表わしなさい．

4.3 一次独立なベクトルの最大個数

V を K 上の線形空間とする．V に属する n 個のベクトル $\boldsymbol{a}_1, \boldsymbol{a}_2, \cdots, \boldsymbol{a}_n$ が与えられたとすると，これら n 個のベクトルから最大限何個の一次独立なベクトルを選ぶことができるか，という上限がある．この上限を $\boldsymbol{a}_1, \boldsymbol{a}_2, \cdots, \boldsymbol{a}_n$ の中の一次独立なベクトルの最大個数という．

例 6 実数体 $\mathbf{R}$ 上の線形空間 $\mathbf{R}^3$ において

$$\boldsymbol{a}_1 = \begin{bmatrix} 1 \\ -2 \\ 4 \end{bmatrix}, \quad \boldsymbol{a}_2 = \begin{bmatrix} 5 \\ -1 \\ 3 \end{bmatrix}, \quad \boldsymbol{a}_3 = \begin{bmatrix} 6 \\ -3 \\ 7 \end{bmatrix},$$

$$\boldsymbol{a}_4 = \begin{bmatrix} 4 \\ 0 \\ -1 \end{bmatrix}, \quad \boldsymbol{a}_5 = \begin{bmatrix} -4 \\ 1 \\ 1 \end{bmatrix}$$

とする．このうち3つのベクトル，例えば $\boldsymbol{a}_1, \boldsymbol{a}_2, \boldsymbol{a}_4$ は一次独立であるが，4個以上のベクトルは必ず一次従属になる．これは

$$\boldsymbol{a}_3 = \boldsymbol{a}_1 + \boldsymbol{a}_2,$$

$$\boldsymbol{a}_5 = -\boldsymbol{a}_1 + \boldsymbol{a}_2 - 2\boldsymbol{a}_4$$

であることからわかる．この場合 $\boldsymbol{a}_1, \boldsymbol{a}_2, \boldsymbol{a}_3, \boldsymbol{a}_4, \boldsymbol{a}_5$ のうち一次独立なベクトルの最大個数は3である． ▨

A は (m, n) 型の実行列とする．A を横に切って m 個の n 項行ベクトルに分けることができる．

$$A = \begin{bmatrix} \boldsymbol{a}_1 \\ \boldsymbol{a}_2 \\ \vdots \\ \boldsymbol{a}_m \end{bmatrix}$$

m 個の行ベクトル $\boldsymbol{a}_1, \boldsymbol{a}_2, \cdots, \boldsymbol{a}_m$ のうち一次独立なベクトルの最大個数のことを A の一次独立な行ベクトルの最大個数という．同様に，縦に切って n 個の m 項列ベクトルに分けることができる．

$$A = \begin{bmatrix} \boldsymbol{a}_1, & \boldsymbol{a}_2, & \cdots, & \boldsymbol{a}_n \end{bmatrix}$$

これら n 個の列ベクトルのうち一次独立なベクトルの最大個数のことを A の一次独立な列ベクトルの最大個数という．

複素数成分の行列についても，その行ベクトルまたは列ベクトルの複素数体 $\mathbf{C}$ 上での一次独立なベクトルの最大個数を考えることができる．

定理 4.3.1　行列 A の一次独立な行ベクトルの最大個数，一次独立な列ベクトルの最大個数はともに $\mathrm{rank}\ A$ に等しい．

証明　$A = [a_{ij}]$ を $[m,\ n]$ 型の行列とする．

$$A = [\boldsymbol{a}_1, \boldsymbol{a}_2, \cdots, \boldsymbol{a}_n]$$

とすると，$\boldsymbol{a}_1, \boldsymbol{a}_2, \cdots, \boldsymbol{a}_n$ の線形関係

$$x_1\boldsymbol{a}_1 + x_2\boldsymbol{a}_2 + \cdots + x_n\boldsymbol{a}_n = \boldsymbol{0}$$

（実際には $\boldsymbol{a}_1, \boldsymbol{a}_2, \cdots, \boldsymbol{a}_n$ すべてではなくそのうちいくつかのベクトルの線形関係が問題）は斉次連立一次方程式

$$\begin{cases} a_{11}x_1 & + a_{12}x_2 + \cdots & + a_{1n}x_n = 0 \\ a_{21}x_1 & + a_{22}x_2 + \cdots & + a_{2n}x_n = 0 \\ & \cdots\cdots\cdots\cdots\cdots\cdots & \\ a_{m1}x_1 & + a_{m2}x_2 + \cdots & + a_{mn}x_n = 0 \end{cases}$$

と同値である．このことから，一次独立な列ベクトルの最大個数は基本変形によって変わらないことを確かめることができる（詳細は読者に任せる）．

A を基本変形で変形した結果標準形

$$H = \begin{bmatrix} \begin{array}{cccc|ccc} 1 & & & & & & \\ & 1 & & O & & & \\ & & \ddots & & & O & \\ & O & & & & & \\ & & & 1 & & & \\ \hline & & & & & & \\ & O & & & & O & \\ & & & & & & \end{array} \end{bmatrix} \begin{matrix} \} r \\ \\ \} m-r \end{matrix}$$

$$\overbrace{}^{r} \overbrace{}^{n-r}$$

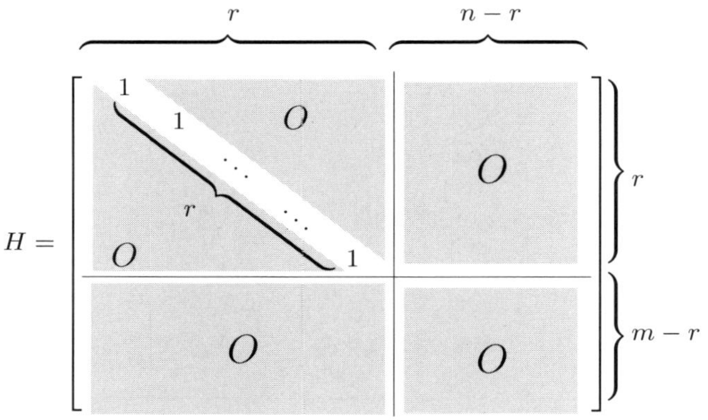

に到達したとする（このとき $r = \mathrm{rank}\,A$）．これは

$$\boldsymbol{h}_1 = \begin{bmatrix} 1 \\ 0 \\ 0 \\ 0 \\ \vdots \\ \vdots \\ 0 \end{bmatrix}, \quad \boldsymbol{h}_2 = \begin{bmatrix} 0 \\ 1 \\ 0 \\ 0 \\ \vdots \\ \vdots \\ 0 \end{bmatrix}, \quad \cdots, \quad \boldsymbol{h}_r = \begin{bmatrix} 0 \\ \vdots \\ 0 \\ 1 \\ 0 \\ \vdots \\ 0 \end{bmatrix},$$

$$\boldsymbol{h}_{r+1} = \begin{bmatrix} 0 \\ \vdots \\ 0 \end{bmatrix}, \quad \cdots, \quad \boldsymbol{h}_n = \begin{bmatrix} 0 \\ \vdots \\ 0 \end{bmatrix}$$

の n 個の列ベクトルに分けられる．これら n 個のベクトルのうち，$\boldsymbol{h}_1, \boldsymbol{h}_2, \cdots, \boldsymbol{h}_r$ は明らかに一次独立である．また $\boldsymbol{h}_1, \boldsymbol{h}_2, \cdots, \boldsymbol{h}_n$ のうちから $(r+1)$ 個以上のベクトルを選べばその中に必ず1つは零ベクトルが入ってくるからこれらは一次独立ではない．したがって，H の一次独立な列ベクトルの最大個数，すなわち A の一次独立な列ベクトルの最大個数は $r = \mathrm{rank}\,A$ である． ▨

❑ **問題 4.3.1** 行列 $A = \begin{bmatrix} 1 & -3 & 4 & 5 \\ 3 & -8 & 5 & 0 \\ -1 & 2 & -1 & 10 \end{bmatrix}$ の一次独立な列ベクトルの最大個数はいくつか．また，実際にその最大個数だけの一次独立な列ベクトルを選び出しなさい．同様に，一次独立な行ベクトルの最大個数を答え，その最大個数だけの一次独立な行ベクトルを選び出しなさい．

4.4　線形写像

スピーカーは電流を音に変換する装置である.

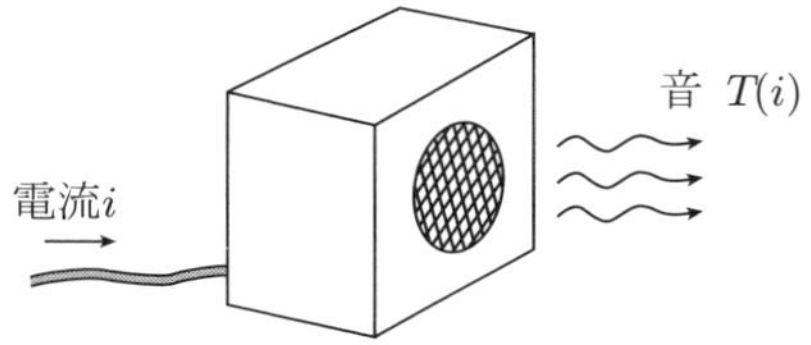

電流 i を流すと，それに対応する音 $T(i)$ が出る．電流 i_1 に対しては $T(i_1)$ という音，電流 i_2 に対しては $T(i_2)$ という音が出る．もしも $i_1 + i_2$ という電流を流したら，これに対して出る音 $T(i_i + i_2)$ は $T(i_1) + T(i_2)$ に等しいであろうか？

もしこのスピーカーがまあまあの代物で，電流 i_1, i_2 がそんなに強くなければ，大体そのようになっているはずである．また，電流 $2i$ に対して出る音は $T(2i) = 2T(i)$ となっているであろうか？　これまた，ある範囲では大体そのようになっているはずである.

このように，あるもの i に対して $T(i)$ が対応していて,

$$T(i_1 + i_2) = T(i_1) + T(i_2),$$

$$T(ci) = cT(i) \quad (c\text{ は定数})$$

となっているとき，この対応は**線形**であるという．これを一般化したものが次に述べる線形写像である.

V と V' を K 上の線形空間とする．V から V' への写像 f が，V の任意のベクトル $\boldsymbol{x}, \boldsymbol{y}$ と K の任意の元 c に対して次の条件をみたすとき，f を V から V' への**線形写像**という.

(1)　$f(\boldsymbol{x} + \boldsymbol{y}) = f(\boldsymbol{x}) + f(\boldsymbol{y})$
(2)　$f(c\boldsymbol{x}) = cf(\boldsymbol{x})$

V から V 自身への線形写像を V の**線形変換**という.

例 7　A をある固定された (m, n) 型の実行列とする．$\boldsymbol{x}$ を n 項実列ベクトルとすると，$A\boldsymbol{x}$ は m 項実列ベクトルである．

したがって，$\mathbf{R}$ 上の線形空間 $\mathbf{R}^n$ から $\mathbf{R}^m$ への写像 L_A を

$$\boldsymbol{x} \longmapsto A\boldsymbol{x}$$

によって定義することができる．2.1 節で述べた行列の性質から

$$L_A(\boldsymbol{x}+\boldsymbol{y}) = A(\boldsymbol{x}+\boldsymbol{y}) = A\boldsymbol{x}+A\boldsymbol{y} = L_A(\boldsymbol{x})+L_A(\boldsymbol{y}),$$

$$L_A(c\boldsymbol{x}) = A(c\boldsymbol{x}) = c(A\boldsymbol{x}) = cL_A(\boldsymbol{x})$$

となるので，この L_A は線形写像であることがわかる．この L_A を**行列 A によって定められる線形写像**という．

後述するように，行列と線形写像は本質的に同一の概念である．▨

❏ **問題 4.4.1**　$\boldsymbol{a}_1 = \begin{bmatrix} 1 \\ 1 \end{bmatrix}, \boldsymbol{a}_2 = \begin{bmatrix} -1 \\ 1 \end{bmatrix}$ を $\mathbf{R}^2$ におけるベクトル, $\boldsymbol{b}_1 = \begin{bmatrix} 5 \\ 2 \\ -1 \end{bmatrix}$, $\boldsymbol{b}_2 = \begin{bmatrix} 1 \\ -2 \\ 3 \end{bmatrix}$ を $\mathbf{R}^3$ におけるベクトルとする．ある (3, 2) 型行列 A によって定められる線形写像 f が $f(\boldsymbol{a}_1) = \boldsymbol{b}_1$, $f(\boldsymbol{a}_2) = \boldsymbol{b}_2$ をみたすとき，行列 A を求めなさい．

例 8　閉区間 $a \leq t \leq b$ で定義された連続関数の全体 $C([a, b])$ は，4.1 節例3で述べたように $\mathbf{R}$ 上の線形空間である．$C([a, b])$ に属する関数 $g(t)$ に対して，積分値 $\displaystyle\int_a^b g(t)\ dt$ を対応させる写像

$$I : g(t) \longmapsto \int_a^b g(t)\ dt$$

は $C([a, b])$ から $\mathbf{R}$ への線形写像である．▨

❏ **問題 4.4.2**　$g(t) = t^2 - 1$ を閉区間 $(0 \leq t \leq 1)$ で定義された連続関数，I を例8の線形写像として，$I(g(t))$ を求めなさい．

V と V' が K 上の線形空間で f が V から V' への線形写像であるとする．このとき，f によって V の零ベクトル $\mathbf{0}$ は V' の零ベクトル $\mathbf{0}'$ に移される（$f(\mathbf{0}) = f(0\mathbf{0}) = 0f(\mathbf{0}) = \mathbf{0}$）．

また，V におけるベクトルの一次結合

$$\sum_{i=1}^{n} c_i \boldsymbol{a}_i$$

は次のように移される．

$$f\left(\sum_{i=1}^{n} c_i \boldsymbol{a}_i\right) = \sum_{i=1}^{n} c_i f(\boldsymbol{a}_i)$$

❏ **問題 4.4.3**　f は $\mathbf{R}$ 上の線形空間 $\mathbf{R}^2$ から $\mathbf{R}^3$ への線形写像で，$\mathbf{R}^2$ のベクトル

$$\boldsymbol{e}_1 = \begin{bmatrix} 1 \\ 0 \end{bmatrix},\ \boldsymbol{e}_2 = \begin{bmatrix} 0 \\ 1 \end{bmatrix},\ \boldsymbol{a} = \begin{bmatrix} 3 \\ -1 \end{bmatrix}$$

について

$$f(\boldsymbol{e}_1) = \begin{bmatrix} 3 \\ 4 \\ -1 \end{bmatrix},\ f(\boldsymbol{e}_2) = \begin{bmatrix} 1 \\ -2 \\ 0 \end{bmatrix}$$

であるとする．$f(\boldsymbol{a})$ を求めなさい．

K 上の線形空間 V から V' への線形写像 f が全射かつ単射であるとき，f を V から V' の上への**同形写像**という．V と V' が K 上の線形空間で，V から V' の上への同形写像が存在するとき，V と V' とは**同形**であるといい，

$$V \cong V'$$

と表わす．

f が K 上の線形空間 V から V' の上への同形写像であるとする．このとき，V' の各ベクトル $\boldsymbol{y}$ に対して，$f(\boldsymbol{a}) = \boldsymbol{y}$ となる V のベクトル $\boldsymbol{a}$ が唯一つあるので，$\boldsymbol{y} \longmapsto \boldsymbol{a}$ によって，V' から V への写像 g を定めることができる．この g は f の逆写像であり（1.1 節参照），V' から V の上への同形写像である．

もし $V \cong V'$ であるならば，V と V' とは線形空間として同じ構造をもっている．詳しくいえば次のようになる．f を V から V' の上への同形写像とする．V のベクトル $\boldsymbol{a}, \boldsymbol{b}$ に V' のベクトル $\boldsymbol{a}', \boldsymbol{b}'$ が対応しているとする．

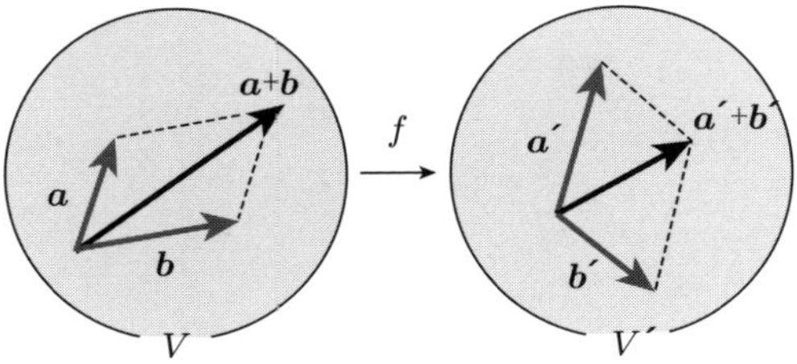

このとき，V における和 $\boldsymbol{x} = \boldsymbol{a} + \boldsymbol{b}$ には V' のベクトル

$$f(\boldsymbol{x}) = \boldsymbol{a}' + \boldsymbol{b}'$$

が対応している．またスカラー倍についても，$c\boldsymbol{a}$ には

$$f(c\boldsymbol{a}) = c\boldsymbol{a}'$$

が対応する．このように，V における和とスカラー倍が V' における和とスカラー倍に対応している．

❏ **問題 4.4.4**　f は

$$\begin{bmatrix} x_1 \\ x_2 \end{bmatrix} \longmapsto \begin{bmatrix} 2x_1 - x_2 \\ -x_1 \end{bmatrix}$$

で与えられる $\mathbf{R}^2$ から $\mathbf{R}^2$ 自身の上への同形写像とする．このとき，

$$f^{-1}(\begin{bmatrix} 1 \\ 1 \end{bmatrix})$$

を求めなさい．

例 9　4.1 節の例 1 で述べたように，空間ベクトルの全体 V^3 は実数体 $\mathbf{R}$ 上の線形空間である．空間ベクトル $\boldsymbol{a}$ の成分表示（1.3 節）を $\begin{bmatrix} a_1 \\ a_2 \\ a_3 \end{bmatrix}$ とすれば，

$$\boldsymbol{a} \longmapsto \begin{bmatrix} a_1 \\ a_2 \\ a_3 \end{bmatrix}$$

は V^3 から $\mathbf{R}^3$ の上への同形写像である．

4.5 次 元

V を K 上の線形空間とする．V から 1 個の一次独立なベクトル $\boldsymbol{a}_1$ を選んだとする．次に V から 2 個の一次独立なベクトル $\boldsymbol{a}_1, \boldsymbol{a}_2$ をとることができたとする（この $\boldsymbol{a}_1$ は前の段階で選んだ $\boldsymbol{a}_1$ とは別のものでもよいとする）．次に V から 3 個の一次独立なベクトル $\boldsymbol{a}_1, \boldsymbol{a}_2, \boldsymbol{a}_3$ をとることができたとする（この $\boldsymbol{a}_1, \boldsymbol{a}_2$ は 1 つ前の段階で選んだ $\boldsymbol{a}_1, \boldsymbol{a}_2$ とは別のものでもよいとする）．次に V から 4 個の一次独立なベクトル $\boldsymbol{a}_1, \boldsymbol{a}_2, \boldsymbol{a}_3, \boldsymbol{a}_4$ をとることができたとする（この $\boldsymbol{a}_1, \boldsymbol{a}_2, \boldsymbol{a}_3$ は 1 つ前の段階で選んだ $\boldsymbol{a}_1, \boldsymbol{a}_2, \boldsymbol{a}_3$ とは別のものでもよいとする）．このように以下順々になるべく多くの一次独立なベクトルを V から選ぶ作業を仮想するとき，次の 2 つの場合があり得る．

> 第 1 の場合：V からいくらでも多くの一次独立なベクトルを選ぶことができる．
>
> 第 2 の場合：ある限界 N があって，V から N 個の一次独立なベクトルを選ぶことはできるが，$(N+1)$ 個の一次独立なベクトルを選ぶことはできない．

いずれの場合も実際にありうる．節であげた例についていえば，例 3 は第 1 の場合に属し，例 1，例 2 は第 2 の場合に属する．

第 1 の場合，V は**無限次元**であるといい，第 2 の場合，V は**有限次元**であるという．無限次元の場合については本書の程度を超えることになるので，本書では以下，主に有限次元の場合について考察する．

もう一度定義を述べると，K 上の線形空間 V が有限次元であるとは，ある自然数 N が存在して，V の中の N 個より多くのベクトルは必ず一次従属になるということである．

V は K 上の線形空間とする．V の d 個のベクトル $\boldsymbol{b}_1, \boldsymbol{b}_2, \cdots, \boldsymbol{b}_d$ が次の 2 つの条件をみたすとき，$\boldsymbol{b}_1, \boldsymbol{b}_2, \cdots, \boldsymbol{b}_d$ は V の**基底**であるという．

(i) $\boldsymbol{b}_1, \boldsymbol{b}_2, \cdots, \boldsymbol{b}_d$ は一次独立である.

(ii) V の任意のベクトル $\boldsymbol{x}$ は $\boldsymbol{b}_1, \boldsymbol{b}_2, \cdots, \boldsymbol{b}_d$ の線形結合として表される. すなわち, 適当なスカラー $c_1, c_2, \cdots, c_d$ によって

$$\boldsymbol{x} = c_1\boldsymbol{b}_1 + c_2\boldsymbol{b}_2 + \cdots + c_d\boldsymbol{b}_d$$

と表わすことができる.

例 10 空間ベクトルの全体 V^3 が実数体 $\mathbf{R}$ 上の線形空間であることは 4.1 節の例 1 で述べた. p.14 で示した標準的な単位ベクトル $\boldsymbol{e}_1, \boldsymbol{e}_2, \boldsymbol{e}_3$ は空間 V^3 の基底である. 実際, 任意の空間ベクトル $\boldsymbol{x} = \begin{bmatrix} x_1 \\ x_2 \\ x_3 \end{bmatrix}$ は

$$\boldsymbol{x} = x_1\boldsymbol{e}_1 + x_2\boldsymbol{e}_2 + x_3\boldsymbol{e}_3$$

と表わされる. ▨

例 11 体 K に成分をもつ n 項列ベクトル全体 K^n において n 個のベクトル

$$\boldsymbol{e}_1 = \begin{bmatrix} 1 \\ 0 \\ 0 \\ \vdots \\ 0 \end{bmatrix}, \quad \boldsymbol{e}_2 = \begin{bmatrix} 0 \\ 1 \\ 0 \\ \vdots \\ 0 \end{bmatrix}, \quad \cdots, \quad \boldsymbol{e}_n = \begin{bmatrix} 0 \\ 0 \\ \vdots \\ 0 \\ 1 \end{bmatrix}$$

は K^n の基底である（理由は読者に任せる）. ▨

ここで次の問題が生じる.

(I) 線形空間には必ず基底があるのか？

(II) 基底の個数は一意的に決まるか？

第 2 の問に対しては明快にその通りである, と答えることができることを後で証明する. 第 1 の問については, 本書の入門書としての性質から, 議論を有

限次元線形空間に限ることにする．

定理 4.5.1 有限次元線形空間には基底がある．

証明 V を K 上の有限次元線形空間とする．V から 1 つの一次独立なベクトル $\boldsymbol{a}_1$ を選ぶ（これができないとき，つまり V が零ベクトル $\boldsymbol{0}$ のみからなる場合は空集合 $\emptyset$ が V の基底であると解する）．第 2 のベクトル $\boldsymbol{a}_2$ を，$\boldsymbol{a}_1, \boldsymbol{a}_2$ が一次独立になるように選ぶ．第 3 のベクトル $\boldsymbol{a}_3$ を，$\boldsymbol{a}_1, \boldsymbol{a}_2, \boldsymbol{a}_3$ が一次独立になるように選ぶ．以下同様に続けてゆくと，この作業はいつか終わりになる（もしこれがいつまでも続くならば V は無限次元である）．つまり，$\boldsymbol{a}_1, \boldsymbol{a}_2, \cdots, \boldsymbol{a}_n$ は一次独立であるが，どのような $\boldsymbol{a} \in V$ についても $\boldsymbol{a}_1, \boldsymbol{a}_2, \cdots, \boldsymbol{a}_n, \boldsymbol{a}$ は一次従属となるというところに行き着く．このとき，$\boldsymbol{a}_1, \boldsymbol{a}_2, \cdots, \boldsymbol{a}_n$ は V の基底である．それには，V の任意のベクトル $\boldsymbol{x}$ が $\boldsymbol{a}_1, \boldsymbol{a}_2, \cdots, \boldsymbol{a}_n$ の一次結合として表わされることを示せばよい．仮に $\boldsymbol{x}$ が $\boldsymbol{a}_1, \boldsymbol{a}_2, \cdots, \boldsymbol{a}_n$ の一次結合で表わされないとすると，補題 4.2.2 により，$\boldsymbol{a}_1, \boldsymbol{a}_2, \cdots, \boldsymbol{a}_n, \boldsymbol{x}$ は一次独立であることになり，上に述べたことに反する． ▨

次の定理も同様に証明される．

定理 4.5.2 V を K 上の線形空間とする．V のベクトル $\boldsymbol{a}_1, \boldsymbol{a}_2, \cdots, \boldsymbol{a}_k$ が一次独立であるならば，これに何個かのベクトル $\boldsymbol{a}_{k+1}, \cdots, \boldsymbol{a}_n$ をつけ加えて，$\boldsymbol{a}_1, \boldsymbol{a}_2, \cdots, \boldsymbol{a}_k, \boldsymbol{a}_{k+1}, \cdots, \boldsymbol{a}_n$ が V の基底となるようにすることができる．

次に，(II) の問題に対する答として，基底の構成要素の数は一定であることを示す．

まず補題を 2 つ述べる．

補題 4.5.3 V と V' は K 上の線形空間，f は V から V' への同形写像であるとする．$\boldsymbol{a}_1, \boldsymbol{a}_2, \cdots, \boldsymbol{a}_k$ が V の一次独立なベクトルとするならば，V' のベクトル

$$f(\boldsymbol{a}_1),\ \ f(\boldsymbol{a}_2),\ \ \cdots,\ \ f(\boldsymbol{a}_k)$$

も一次独立である．

証明 仮に

$$c_1 f(\boldsymbol{a}_1) + c_2 f(\boldsymbol{a}_2) + \cdots + c_k f(\boldsymbol{a}_k) = \mathbf{0}'$$

とする（$\mathbf{0}'$ は V' の零ベクトル）．これは

$$f(c_1\boldsymbol{a}_1 + c_2\boldsymbol{a}_2 + \cdots + c_k\boldsymbol{a}_k) = \mathbf{0}'$$

となる．一方，f は線形写像であるから

$$f(\mathbf{0}) = \mathbf{0} \ (\mathbf{0} \text{ は } V \text{ の零ベクトル})$$

である．f は単射であるから，

$$c_1\boldsymbol{a}_1 + c_2\boldsymbol{a}_2 + \cdots + c_k\boldsymbol{a}_k = \mathbf{0}$$

である．仮定により $\boldsymbol{a}_1, \boldsymbol{a}_2, \cdots, \boldsymbol{a}_k$ は一次独立であるので

$$c_1 = c_2 = \cdots = c_k = 0$$

となる． ▨

補題 4.5.4 K 上の線形空間 K^n において，n 個より多くのベクトルは必ず一次従属である．

証明　$m > n$ とし，K^n から m 個のベクトル

$$\boldsymbol{a}_1 = \begin{bmatrix} a_{11} \\ a_{21} \\ \vdots \\ a_{n1} \end{bmatrix}, \quad \boldsymbol{a}_2 = \begin{bmatrix} a_{12} \\ a_{22} \\ \vdots \\ a_{n2} \end{bmatrix}, \quad \cdots, \quad \boldsymbol{a}_m = \begin{bmatrix} a_{1m} \\ a_{2m} \\ \vdots \\ a_{nm} \end{bmatrix}$$

をとる．これらのベクトルの線形関係

$$x_1\boldsymbol{a}_1 + x_2\boldsymbol{a}_2 + \cdots + x_m\boldsymbol{a}_m = \mathbf{0} \tag{4.3}$$

は斉次連立一次方程式

$$\begin{cases} a_{11}x_1 + a_{12}x_2 + \cdots + a_{1m}x_m = 0 \\ a_{21}x_1 + a_{22}x_2 + \cdots + a_{2m}x_m = 0 \\ \cdots\cdots\cdots\cdots\cdots\cdots\cdots \\ a_{n1}x_1 + a_{n2}x_2 + \cdots + a_{nm}x_m = 0 \end{cases}$$

と同値である．この斉次連立一次方程式においては未知数の個数 m の方が式の個数 n より大きいから， 3.4 節定理 3.4.2 により，この斉次連立一次方程式は非自明解をもつ．したがって線形関係 (4.3) は非自明にとることができるので，m 個のベクトル $\boldsymbol{a}_1, \boldsymbol{a}_2, \cdots, \boldsymbol{a}_m$ は一次従属である． ▨

基底の個数が一定であることの証明　V を K 上の線形空間とし，V に２通りの基底 $\boldsymbol{a}_1, \boldsymbol{a}_2, \cdots, \boldsymbol{a}_m$ と $\boldsymbol{b}_1, \boldsymbol{b}_2, \cdots, \boldsymbol{b}_n$ があったとする．仮に $m > n$ とする．V の任意のベクトル $\boldsymbol{x}$ は基底 $\boldsymbol{a}_1, \boldsymbol{a}_2, \cdots, \boldsymbol{a}_m$ の一次結合として一意的に $\boldsymbol{x} = r_1\boldsymbol{a}_1 + r_2\boldsymbol{a}_2 + \cdots + r_m\boldsymbol{a}_m \quad (r_1, r_2, \cdots, r_m \in K)$ と表わされる (p.101)．$\boldsymbol{x}$ に対してこの係数 $\begin{bmatrix} r_1 \\ r_2 \\ \vdots \\ r_m \end{bmatrix}$ を対応させる写像 f は V から K^m への同形写像であることは容易にわかる．同様に，V の任意のベクトル $\boldsymbol{x}$ は基底 $\boldsymbol{b}_1, \boldsymbol{b}_2, \cdots, \boldsymbol{b}_n$ の一次結合として一意的に $\boldsymbol{x} = s_1\boldsymbol{b}_d + s_2\boldsymbol{b}_2 + \cdots + s_n\boldsymbol{b}_n \quad (s_1, s_2, \cdots, s_n \in K)$ と表わされる．$\boldsymbol{x}$ に対してこの係数 $\begin{bmatrix} s_1 \\ s_2 \\ \vdots \\ s_n \end{bmatrix}$ を対応させる写像 g は V から K^n への同形写像である．合成写像 $h = g \circ f^{-1}$ は K^m から K^n への同形写像である．K^n には一次独立な n 個のベクトルがある（例えば単位ベクトル

$$\boldsymbol{e}_1 = \begin{bmatrix} 1 \\ 0 \\ 0 \\ \vdots \\ 0 \end{bmatrix}, \quad \boldsymbol{e}_2 = \begin{bmatrix} 0 \\ 1 \\ 0 \\ \vdots \\ 0 \end{bmatrix}, \quad \cdots, \quad \boldsymbol{e}_d = \begin{bmatrix} 0 \\ 0 \\ 0 \\ \vdots \\ 1 \end{bmatrix}).$$

したがって補題 4.5.3 により，K^n には m 個の一次独立なベクトル $h(\boldsymbol{e}_1), h(\boldsymbol{e}_2), \cdots, h(\boldsymbol{e}_m)$ があることになる．これは補題 4.5.4 に反す．同様に $m < n$ も矛盾をきたす．よって $m = n$ である．

以下，線形空間 V の基底を並べ方の指定を込めて $\langle \boldsymbol{a}_1, \boldsymbol{a}_2, \cdots, \boldsymbol{a}_d \rangle$ というように表わすことにする．線形空間 V が d 個の元よりなる基底をもつとき，d を V の次元といい，$\dim V = d$ と表わす（V が零ベクトル以外の元を含まないときは，$\dim V = 0$ とする）．

❏ **問題 4.5.1**　上の証明によれば，$\mathbf{R}^3$ において次の４つのベクトルの間には非自明な線形関係が存在する．これを求めなさい．

$$\boldsymbol{a}_1 = \begin{bmatrix} 1 \\ 3 \\ -1 \end{bmatrix}, \quad \boldsymbol{a}_2 = \begin{bmatrix} 4 \\ 1 \\ 0 \end{bmatrix}, \quad \boldsymbol{a}_3 = \begin{bmatrix} -2 \\ 1 \\ 3 \end{bmatrix}, \quad \boldsymbol{a}_4 = \begin{bmatrix} 4 \\ 5 \\ -5 \end{bmatrix}$$

次元という言葉からSF映画に出てくる「4次元空間にタイムワープする」とか「3次元空間を超える」のような面白い話を期待していたのに，上の次元の定義をみてがっかりした読者があるのではないだろうか．しかし，一見無関係なようで，上に述べたのはまさにそのような次元の話なのである．

直線は1次元の図形であり，平面は2次元の図形である．直線が1次元の図形であるというのは次のような意味である．与えられた直線上に零ベクトルでないベクトル $\boldsymbol{a}$ を1つとる．するとこの直線上のあるベクトル $\boldsymbol{x}$ はすべて

$$\boldsymbol{x} = \alpha\boldsymbol{a} \ (\alpha \text{ は実数}) \tag{4.4}$$

と表わされる．

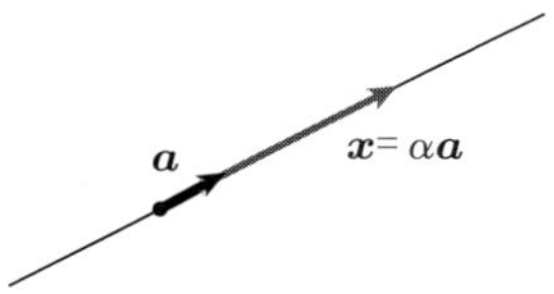

いいかえれば，この直線上の1点 O と，この直線上にあるベクトル $\boldsymbol{a}$ を固定すれば，直線上の任意の点 P の位置は $\overrightarrow{\mathrm{OP}} = \alpha\boldsymbol{a}$ となる実数 α によって一意的に指定できる．

同様に，平面の場合は，与えられた平面上に同一直線上にない（一次独立な）2つのベクトル $\boldsymbol{a}_1, \boldsymbol{a}_2$ をとれば，この平面上の任意のベクトル $\boldsymbol{x}$ は $\boldsymbol{a}_1, \boldsymbol{a}_2$ の一次結合として

$$\boldsymbol{x} = \alpha_1\boldsymbol{a}_1 + \alpha_2\boldsymbol{a}_2 \tag{4.5}$$

と表わされる．

この場合，このような表示ができるためには2つのベクトルが必要であって，(4.4) 式のように1つのベクトルだけで表わすことはできない．

この平面上のベクトルを3つのベクトルの一次結合として表わすことは可能である．

次の図右のようにいずれもこの平面上にある3つのベクトル $\boldsymbol{a}_1, \boldsymbol{a}_2, \boldsymbol{a}_3$ をとれば，平面上の任意のベクトル $\boldsymbol{x}$ は

$$\boldsymbol{x} = \alpha_1\boldsymbol{a}_1 + \alpha_2\boldsymbol{a}_2 + \alpha_3\boldsymbol{a}_3 \tag{4.6}$$

と表わされる．

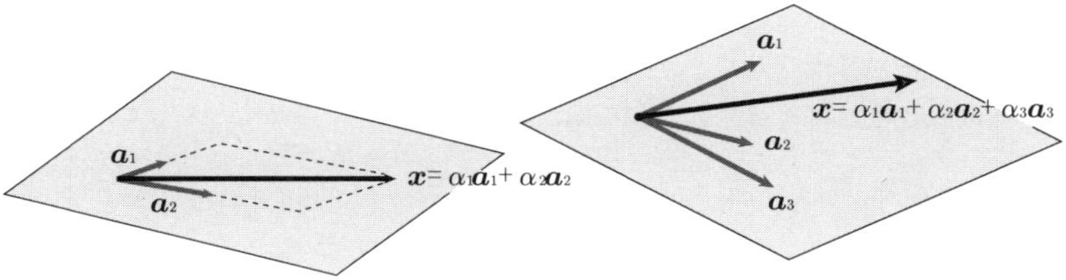

しかしこの表示には無駄がある．$\boldsymbol{a}_3 = \beta_1 \boldsymbol{a}_1 + \beta_2 \boldsymbol{a}_2$ となる実数 β_1, β_2 があるから，(4.6) 式は

$$\begin{aligned}\boldsymbol{x} &= \alpha_1 \boldsymbol{a}_1 + \alpha_2 \boldsymbol{a}_2 + \alpha_3(\beta_1 \boldsymbol{a}_1 + \beta_2 \boldsymbol{a}_2) \\ &= (\alpha_1 + \alpha_3 \beta_1)\boldsymbol{a}_1 + (\alpha_2 + \alpha_3 \beta_2)\boldsymbol{a}_2\end{aligned}$$

となる．よって第3のベクトル $\boldsymbol{a}_3$ は不要であり，平面上のベクトルを特定のベクトル一次結合で表わすには２個のベクトルが最小かつ十分である．

同様に，空間の任意のベクトル $\boldsymbol{x}$ は例えば p.14 のような３個のベクトル（基底）$\boldsymbol{e}_1, \boldsymbol{e}_2, \boldsymbol{e}_3$ の一次結合として

$$\boldsymbol{x} = \alpha_1 \boldsymbol{e}_1 + \alpha_2 \boldsymbol{e}_2 + \alpha_3 \boldsymbol{e}_3$$

と表わされるのであって，この場合も３個が必要かつ十分である．この意味で空間あるいは空間図形は３次元であるといわれる．

例えば，球面は平面とは異なるが，球面上の１点をとってその近傍だけみれば近似的に平面であるといえる（我々が地球という球面上に住みながら自分の周囲を平面と認識しているように）．

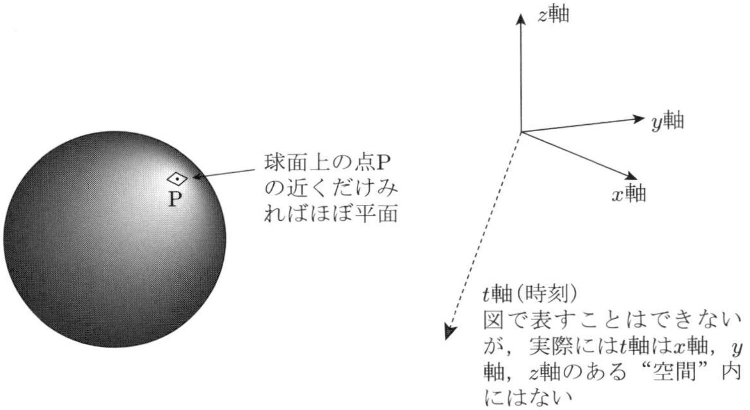

このような意味で，球面もやはり２次元の図形であるといえる．

宇宙が全体としてどのような形をしているかは現在のところわかっていない．しかし，我々の近傍（近く）に限っていえば，空間は，縦，横，並びにそれらと直角な高さと呼ばれる３つの方向に拡がっている．また地球上から観察可能な宇宙の範囲ではどこでもこのような構造をしている．だから，全体の形はわからなくても，空間のどの点についても，その近くについては，$\mathbf{R}^3$ と同じ形をしている，といえる．これに時間という第４の向きを加えれば $\mathbf{R}^4$ と同じ形であるといえる．

このようなものを**多様体**という．このように，我々の空間は小さい範囲についてみるならば（局所的な見方），実数体上の線形空間 $\mathbf{R}^3$（時間を考慮すれば $\mathbf{R}^4$）であるということができる．

低次元では不可能なことが，次元を上げると可能になる場合がある．平面は２次元の図形であって，平面上で檻に囲まれた犬は檻の中から逃げ出すことはできない．

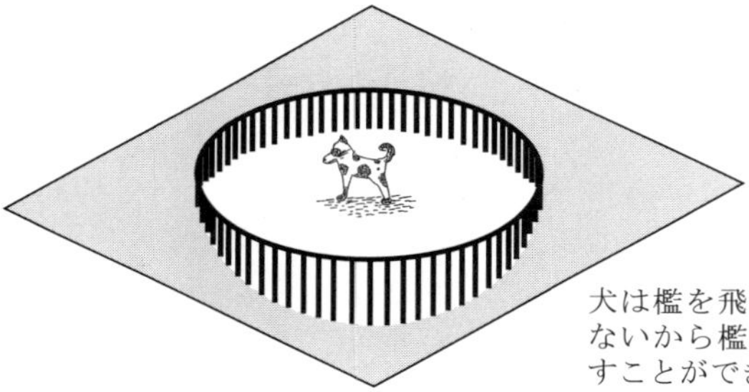

犬は檻を飛び越えられないから檻から抜け出すことができない．

もしこの犬が檻をぴょんと飛び越えることができるならば逃げ出すことができるのである．「ぴょんと飛ぶ」というのは，平面を超える，つまり２次元の世界を抜け出て空間という３次元の世界に移行することを意味する．同様に，空間において球面で囲まれた人は，３次元の世界に留まる限りこれを抜け出ることはできないのであるが，もし４次元で自由な運動が可能ならばこのようなこともできるのである．

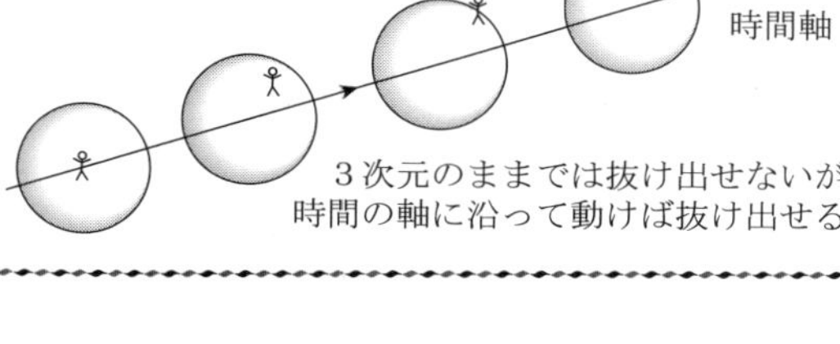

３次元のままでは抜け出せないが，時間の軸に沿って動けば抜け出せる．

4.6　線形部分空間

V を K 上の線形空間とする．V の空でない部分集合 U が次の条件をみたすとき，U を V の**線形部分空間**（**部分空間**）という．

(1)　$\boldsymbol{x}, \boldsymbol{y} \in U$ ならば $\boldsymbol{x}+\boldsymbol{y} \in U$

(2)　$\boldsymbol{x} \in U$ で c が K の元ならば $c\boldsymbol{x} \in U$

例 12　K に成分をもつ n 項列ベクトルの全体 K^n が K 上の線形空間であることは 4.1 節例 2 で述べた．A は K の元を成分とする (m, n) 型行列とするとき，K^n の元 $\boldsymbol{x}$ で $A\boldsymbol{x}=\boldsymbol{0}$ をみたすものの全体 U は K^n の線形部分空間である．▨

例 13　4.1 節例 1 で述べたように空間ベクトルの全体 V は実数体 $\mathbf{R}$ 上の線形空間である．原点を含む平面を 1 つ固定すると，この平面上にある空間ベクトルの全体 U は V の線形部分空間である．▨

例 14　V は K 上の線形空間として，$\boldsymbol{a}_1, \boldsymbol{a}_2, \cdots, \boldsymbol{a}_m$ は V の固定されたベクトルとする．これらのベクトルの一次結合として表わされる

$$\boldsymbol{x} = c_1\boldsymbol{a}_1 + c_2\boldsymbol{a}_2 + \cdots + c_m\boldsymbol{a}_m \quad (c_1,\ c_2,\ \cdots,\ c_m \text{はスカラー})$$

の形の元全体は V の線形部分空間である．この線形部分空間を $\boldsymbol{a}_1, \boldsymbol{a}_2, \cdots, \boldsymbol{a}_m$ で**生成された線形部分空間**といい，次のように表わす．

$$\sum_{i=1}^{m} K\boldsymbol{a}_i \quad \text{または} \quad K\boldsymbol{a}_1 + K\boldsymbol{a}_2 + \cdots + K\boldsymbol{a}_m$$ ▨

定理 4.6.1　V を K 上の線形空間，U が V の部分空間であるとするならば

$$\dim U \leq \dim V$$

である．等号は $U=V$ のときに限って成立する．

証明　$\dim U = d$ とする．U には d 個の元よりなる基底 $\boldsymbol{b}_1, \boldsymbol{b}_2, \cdots, \boldsymbol{b}_d$ がある．これらは V における一次独立なベクトルであるので，定理 4.5.2 により，適当な V のベクトル $\boldsymbol{b}_{d+1}, \cdots, \boldsymbol{b}_{d+t}$ を選んで $\boldsymbol{b}_1, \boldsymbol{b}_2, \cdots, \boldsymbol{b}_d, \boldsymbol{b}_{d+1}, \cdots, \boldsymbol{b}_{d+t}$ が V の基底になるようにすることができる．$\dim V = d+t$ であるから，$\dim\ U = d \leq d+t = \dim\ V$ である．等号についてもこの論法から明らかである．▨

系 4.6.2　V は K 上の次元 d の線形空間とする．V の d 個のベクトル $\boldsymbol{a}_1, \boldsymbol{a}_2, \cdots, \boldsymbol{a}_d$ が一次独立であるならば，これらは V の基底である．

V と V' が体 K 上の線形空間，f は V から V' への線形写像であるとする．このとき必ずしも V' のすべての元が V の元の f による像になっているわけではないが，V の元の f による像になっているような V' の元の全体を $\mathrm{Im}(f)$ と表わし，f の**像**という．つまり

$$\mathrm{Im}(f) = \{\boldsymbol{x}' \in V' \mid f(\boldsymbol{x}) = \boldsymbol{x}' \text{となる } \boldsymbol{x} \in V \text{ が存在する }\}.$$

また，f によって V' の零ベクトルに移される V のベクトルの全体

$$\{\boldsymbol{x} \in V \mid f(\boldsymbol{x}) = \boldsymbol{0}\}$$

を $\mathrm{Ker}(f)$ と表わし，f の**核**という．

$\mathrm{Im}(f)$ は V' の部分空間であり，$\mathrm{Ker}(f)$ は V の部分空間であることは定義から容易にわかる．

定理 4.6.3　f が K 上の線形空間 V から K 上の線形空間 V' への線形写像であるとすると

$$\dim V = \dim \mathrm{Ker}(f) + \dim \mathrm{Im}(f).$$

証明　$\dim \mathrm{Ker}(f) = s$ とする．このとき s 個のベクトルよりなる $\mathrm{Ker}(f)$ の基底 $\boldsymbol{a}_1, \boldsymbol{a}_2, \cdots, \boldsymbol{a}_s$ がある．この $\boldsymbol{a}_1, \boldsymbol{a}_2, \cdots, \boldsymbol{a}_s$ は V において一次独立な s 個のベクトルであるから，定理 4.5.2 により，適当な V のベクトル $\boldsymbol{a}_{s+1}, \boldsymbol{a}_{s+2}, \cdots, \boldsymbol{a}_{s+t}$ をつけ加えて $\boldsymbol{a}_1, \boldsymbol{a}_2, \cdots, \boldsymbol{a}_s, \boldsymbol{a}_{s+1}, \boldsymbol{a}_{s+2}, \cdots, \boldsymbol{a}_{s+t}$ が V の基底となるようにすることができる $(\dim V = s+t)$．このとき $f(\boldsymbol{a}_{s+1}), f(\boldsymbol{a}_{s+2}), \cdots, f(\boldsymbol{a}_{s+t})$ は $\mathrm{Im}(f)$ の基底である (詳細は読者に任せる)．よって $\dim \mathrm{Im}(f) = t = \dim V - \dim \mathrm{Ker}(f)$．▨

系 4.6.4 V, V' は体 K 上の線形空間とする．$V \cong V'$ であるための必要十分条件は

$$\dim V = \dim V'$$

である．

❏ **問題 4.6.1** 次の行列 A について $\dim \mathrm{Ker}(L_A)$ と $\dim \mathrm{Im}(L_A)$ を求めなさい．

$$(1)\quad A = \begin{bmatrix} 1 & -1 & 0 & 2 \\ 1 & -3 & 2 & 4 \\ -1 & -1 & 2 & 0 \end{bmatrix} \qquad (2)\quad A = \begin{bmatrix} 1 & -2 & 1 & 6 \\ 2 & 1 & -1 & -1 \\ -1 & 0 & 3 & 2 \\ 0 & 1 & 1 & -1 \\ 3 & 3 & -1 & -4 \end{bmatrix}$$

第３章で斉次連立一次方程式の解き方を述べた．行列

$$A = \begin{bmatrix} a_{11} & a_{12} & \cdots & a_{1n} \\ a_{21} & a_{22} & \cdots & a_{2n} \\ \cdots & \cdots & \cdots & \cdots \\ a_{m1} & a_{m2} & \cdots & a_{mn} \end{bmatrix}$$

を係数行列とする斉次連立一次方程式

$$A\boldsymbol{x} = \mathbf{0} \tag{4.7}$$

の解全体は行列 A によって定められる線形写像 L_A の核である．これは K^n の線形部分空間であり，これを斉次連立一次方程式 (4.7) の**解空間**という．

3.4 節で述べたように，A を変形することにより，(4.7) 式は

$$\begin{cases} y_1 \qquad + b_{1,r+1}y_{r+1} + b_{1,r+2}y_{r+2} + \cdots + b_{1,n}y_n = 0 \\ \quad y_2 \quad + b_{2,r+1}y_{r+1} + b_{2,r+2}y_{r+2} + \cdots + b_{2,n}y_n = 0 \\ \qquad \cdots\cdots\cdots\cdots\cdots\cdots \\ \qquad y_r \ + b_{r,r+1}y_{r+1} + b_{r,r+2}y_{r+2} + \cdots + b_{r,n}y_n = 0 \end{cases}$$

$$(r = \mathrm{rank}\ A)$$

と同値になる．ここで y_{r+1}，y_{r+2}，$\cdots$，y_n は任意であるから，

$$y_{r+1} = 1, \quad y_{r+2} = 0, \quad \cdots, \quad y_n = 0,$$
$$y_{r+1} = 0, \quad y_{r+2} = 1, \quad \cdots, \quad y_n = 0,$$
$$\cdots$$
$$y_{r+1} = 0, \quad y_{r+2} = 0, \quad \cdots, y_n = 1$$

とおくことによって，斉次連立一次方程式 (4.7) の解空間の基底を得ることができる．

例 15

$$A = \begin{bmatrix} 1 & 1 & -1 & 0 & 1 \\ -1 & 1 & -3 & 2 & -1 \\ 2 & 1 & 0 & -1 & 3 \\ -1 & 3 & -7 & 4 & -2 \\ 2 & 2 & -2 & 0 & 3 \end{bmatrix}$$

は 3.3 節，3.4 節で述べた仕方で

$$B = \begin{bmatrix} 1 & 0 & 0 & -1 & 1 \\ 0 & 1 & 0 & 1 & -2 \\ 0 & 0 & 1 & 0 & 0 \\ 0 & 0 & 0 & 0 & 0 \\ 0 & 0 & 0 & 0 & 0 \end{bmatrix}$$

に変形される．したがって，斉次連立一次方程式 $A\boldsymbol{x} = \boldsymbol{0}$ は

$$\begin{cases} y_1 \qquad\quad - y_4 + y_5 = 0 \\ \qquad y_2 \quad + y_4 - 2y_5 = 0 \\ \qquad\quad y_3 \qquad\qquad = 0 \end{cases}$$

と同値である．rank $A = 3$ であるから y_4, y_5 は任意であり，

$$y_4 = \alpha, \quad y_5 = \beta \qquad (\alpha, \beta \text{ は独立に任意})$$

とおくと，$y_1 = \alpha - \beta$, $y_2 = -\alpha + 2\beta$, $\quad y_3 = 0$.
途中で第３列と第５列を交換したから，

$$y_1 = x_1, \quad y_2 = x_2, \quad y_3 = x_5, \quad y_4 = x_4, \quad y_5 = x_3$$

これより一般解は，$\boldsymbol{x} = \begin{bmatrix} x_1 \\ x_2 \\ x_3 \\ x_4 \\ x_5 \end{bmatrix} = \begin{bmatrix} \alpha - \beta \\ -\alpha + 2\beta \\ \beta \\ \alpha \\ 0 \end{bmatrix}$ （α, β は任意）となる．

$\alpha = 1,\ \beta = 0$ とおくと $\boldsymbol{e}_1 = \begin{bmatrix} 1 \\ -1 \\ 0 \\ 1 \\ 0 \end{bmatrix}$ を，また $\alpha = 0,\ \beta = 1$ とおくと

$\boldsymbol{e}_2 = \begin{bmatrix} -1 \\ 2 \\ 1 \\ 0 \\ 1 \end{bmatrix}$ を得る．この $\langle \boldsymbol{e}_1, \boldsymbol{e}_2 \rangle$ が連立一次方程式 $A\boldsymbol{x} = \boldsymbol{0}$ の解空間の基底であり，上に得られた一般解 $\boldsymbol{x}$ はこの $\boldsymbol{e}_1, \boldsymbol{e}_2$ によって $\boldsymbol{x} = \alpha\boldsymbol{e}_1 + \beta\boldsymbol{e}_2$ と表わされる (解空間の基底は一意的に決まるものではない．3.3 節の注意参照)．▨

4.4 節で述べたように，$(m,\ n)$ 型の行列は K^n から K^m への線形写像 $L_A : \boldsymbol{x} \longmapsto A\boldsymbol{x}$ を定める．$\mathrm{rank}\ A = r$ とすれば $\dim \mathrm{Ker}\ (L_A) = n - r$ であるから，定理 4.6.3 によって $\dim \mathrm{Im}\ (L_A) = r$ である．

このことと 4.3 節定理 4.3.1 により，行列 A について次の 4 つのものは互いに等しいことがわかる．

(i) $\mathrm{rank}\ A$
(ii) A の一次独立な列ベクトルの最大個数
(iii) A の一次独立な行ベクトルの最大個数
(iv) $\dim \mathrm{Im}\ (L_A)$

❏ **問題 4.6.2**　行列 $A = \begin{bmatrix} 1 & -1 & 3 \\ 4 & 0 & -2 \\ 3 & 1 & -5 \end{bmatrix}$ によって定められる空間 $\mathbf{R}^3$ の線形変換を L_A とする.

(1) $\mathrm{Ker}\,(L_A)$, $\mathrm{Im}\,(L_A)$ を求めなさい.

(2) L_A による, 空間 $\mathbf{R}^3$ の像はいかなる図形か.

和と直和　V は K 上の線形空間とする. U_1, U_2 が V の線形部分空間であるとすると,

$$\{\boldsymbol{x} \in V \mid \boldsymbol{x} = \boldsymbol{x}_1 + \boldsymbol{x}_2,\ \boldsymbol{x}_1 \in U_1,\ \boldsymbol{x}_2 \in U_2\}$$

はまた V の線形部分空間である. これを U_1 と U_2 の**和**といい, $U_1 + U_2$ と表わす. また $U_1 \cap U_2$ も V の線形部分空間である.

もしも $U_1 \cap U_2 = \{\mathbf{0}\}$ （U_1 と U_2 に共通に含まれる V のベクトルは零ベクトルだけ）ならば, $U_1 + U_2$ のベクトルを

$$\boldsymbol{x} = \boldsymbol{x}_1 + \boldsymbol{x}_2 \ \ (\boldsymbol{x}_1 \in U_1,\ \boldsymbol{x}_2 \in U_2)$$

と表わす表わし方は一意的である. 実際, もう 1 つ

$$\boldsymbol{x} = \boldsymbol{x}'_1 + \boldsymbol{x}'_2 \ \ (\boldsymbol{x}'_1 \in U_1,\ \boldsymbol{x}'_2 \in U_2)$$

という表わし方があったとすると,

$$\boldsymbol{x}_1 - \boldsymbol{x}'_1 = \boldsymbol{x}'_2 - \boldsymbol{x}_2 \in U_1 \cap U_2 = \{\mathbf{0}\}$$

より $\boldsymbol{x}_1 = \boldsymbol{x}'_1$, $\boldsymbol{x}_2 = \boldsymbol{x}'_2$ となる. このとき, $U_1 + U_2$ は**直和**であるといい, これを $U_1 \bigoplus U_2$ と表わす.

同様に, $U_1, U_2, \cdots, U_m$ がそれぞれ V の線形部分空間であるとき,

$$\boldsymbol{x} = \boldsymbol{x}_1 + \boldsymbol{x}_2 + \cdots + \boldsymbol{x}_m \ \ (\boldsymbol{x}_i \in U_i,\ 1 \leq i \leq m)$$

の形のベクトル全体は V の部分線形空間である. これを $U_1, U_2, \cdots, U_m$ の**和**といい, $\sum_{i=1}^{m} U_i$ と表わす.

$$U_i \cap \sum_{i \neq j} U_j = \{\mathbf{0}\} \ \ (1 \leq i \leq m)$$

であるとき，これを**直和**といい，

$$\bigoplus_{i=1}^{m} U_i$$

と表わす．このとき $\bigoplus_{i=1}^{m} U_i$ のベクトルは一意的に

$$\boldsymbol{x} = \boldsymbol{x}_1 + \boldsymbol{x}_2 + \cdots + \boldsymbol{x}_m \quad (\boldsymbol{x}_i \in U_i,\ 1 \leq i \leq m)$$

と表わされる．

❏ **問題 4.6.3**　V は K 上の線形空間とし，$\boldsymbol{a}_1, \boldsymbol{a}_2, \cdots, \boldsymbol{a}_m$ を一次独立な V のベクトルとする．$1 \leq i \leq m$ について $U_i = K\boldsymbol{a}_i$ ($\boldsymbol{a}_i$ のスカラー倍であるベクトル全体) とすると $\sum_{i=1}^{m} U_i$ は直和であることを示しなさい．

4.7　線形写像と行列

V と V' は K 上の線形空間とし，V の基底 $\langle \boldsymbol{a}_1, \boldsymbol{a}_2, \cdots, \boldsymbol{a}_n \rangle$ と V' の基底 $\langle \boldsymbol{b}_1, \boldsymbol{b}_2, \cdots, \boldsymbol{b}_m \rangle$ をそれぞれ一組固定する ($\dim V = n$，$\dim V' = m$)．V から V' への線形写像 f が与えられたとき，

$$f(\boldsymbol{a}_j) = \sum_{i=1}^{m} \alpha_{ij} \boldsymbol{b}_i \quad (1 \leq j \leq n,\ \alpha_{ij} \in K) \tag{4.8}$$

によって (m, n) 型行列 $A_f = [\alpha_{ij}]$ が定められる．この行列 A_f を線形写像 f の，基底 $\langle \boldsymbol{a}_1, \boldsymbol{a}_2, \cdots, \boldsymbol{a}_n \rangle$, $\langle \boldsymbol{b}_1, \boldsymbol{b}_2, \cdots, \boldsymbol{b}_m \rangle$ に関する**行列表示**という．

逆に，(m, n) 型行列 $A = [\alpha_{ij}]$ が与えられているとき，(4.8) 式によって V から V' への線形写像 f を定義することができる．この線形写像 f を $f = L_A$ と書き，行列 A によって定められる線形写像という．このようにして，V から V' への線形写像と，(m, n) 型行列とは互いに一対一に対応がつく．

線形写像		行列
f	$\longrightarrow$	A_f
L_A	$\longleftarrow$	A

例 16 V は3次以下の多項式よりなる $\mathbf{R}$ 上の線形空間，V' は2次以下の多項式よりなる $\mathbf{R}$ 上の線形空間とする．

$\langle \boldsymbol{a}_1 = 1,\ \boldsymbol{a}_2 = x,\ \boldsymbol{a}_3 = x^2,\ \boldsymbol{a}_4 = x^3 \rangle$ は V の基底であり，$\langle \boldsymbol{b}_1 = 1,\ \boldsymbol{b}_2 = x,\ \boldsymbol{b}_3 = x^2 \rangle$ は V' の基底である．

V の元

$$g(x) = c_0 + c_1 x + c_2 x^2 + c_3 x^3$$

に対してその導関数

$$g'(x) = c_1 + 2c_2 x + 3c_3 x^2$$

を対応させる写像（微分という作用）は V から V' への線形写像であり，上の基底に関する行列表示は

$$D = \begin{bmatrix} 0 & 1 & 0 & 0 \\ 0 & 0 & 2 & 0 \\ 0 & 0 & 0 & 3 \end{bmatrix}.$$

▨

ベクトルと関数とは基本的に同じ概念である．元来ベクトルとは，複数の成分からなる量をいう．例えばベクトル

$$\boldsymbol{a} = \begin{bmatrix} 2 \\ -5 \\ 7 \end{bmatrix}$$

は3つの成分をもっているが，これは $f(1) = 2$, $f(2) = -5$, $f(3) = 7$ というように1から3までの各自然数に対してその番号の成分を対応させる関数を考えるのと同じことである．この f は有限集合 $\{1, 2, 3\}$ を定義域とする関数である．逆に，例えば関数

$$f(x) = x^2$$

は見方によってはベクトルである．この場合

$$f(1) = 1, \quad f(2) = 4, \quad f(3) = 9, \quad \cdots$$

の他に連続的に無限個の成分をもっている（自然数以外の k についても第 k 成分 $f(k) = k^2$ が与えられている）．

❑ **問題 4.7.1**　上の行列 D で表わされる線形写像は V から V' への全射であるが単射ではないことを示しなさい．

例 17　空間の点 $(x,\ y,\ z)$ に $\mathbf{R}^3$ のベクトル $\begin{bmatrix} x \\ y \\ z \end{bmatrix}$ を対応させることによって，空間を $\mathbf{R}^3$ と同一視することができる．したがって，$\mathbf{R}^3$ の線形変換は３次実正方行列で表示される．

例えば，空間の各点 P を，z 軸を回転軸として，z 軸の正の向きからみて左回り（反時計方向）に角 θ 回転する変換 ρ は $\mathbf{R}^3$ の線形変換であり，$\mathbf{R}^3$ の標準的な基底（p.14）に関する ρ の行列表示は

$$\begin{bmatrix} \cos\theta & -\sin\theta & 0 \\ \sin\theta & \cos\theta & 0 \\ 0 & 0 & 1 \end{bmatrix}$$

である．

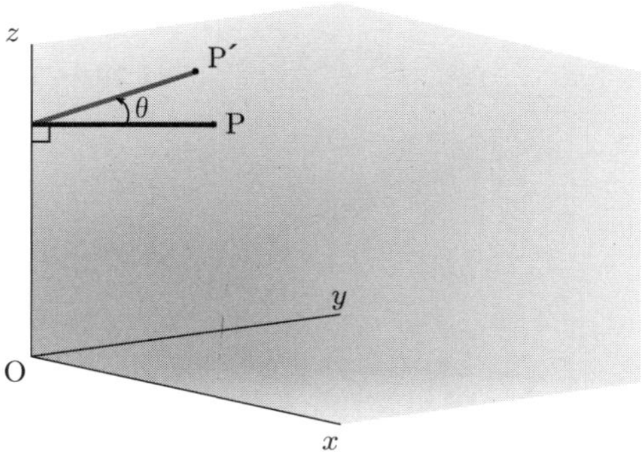

▨

❑ **問題 4.7.2**　空間の各点 P を $(x,\ y)$ 平面に関して対称な点 P$'$ に移す変換 μ は $\mathbf{R}^3$ の線形変換であることを示し，$\mathbf{R}^3$ の標準的な基底に関する μ の行列表示を求めなさい．

❏ **問題 4.7.3**　行列 $\begin{bmatrix} 1 & 0 & 0 \\ 0 & \cos\theta & -\sin\theta \\ 0 & \sin\theta & \cos\theta \end{bmatrix}$ で表わされる空間の線形変換によって平面 $2x-3y+4z=0$ はいかなる方程式で表わされる平面に移されるか.

V, V', V'' を K 上の線形空間とする. V の基底 $\langle \boldsymbol{a}_1, \boldsymbol{a}_2, \cdots, \boldsymbol{a}_n \rangle$, V' の基底 $\langle \boldsymbol{b}_1, \boldsymbol{b}_2, \cdots, \boldsymbol{b}_m \rangle$, V'' の基底 $\langle \boldsymbol{c}_1, \boldsymbol{c}_2, \cdots, \boldsymbol{c}_l \rangle$ をそれぞれ固定する. f は V から V' への線形写像, g は V' から V'' への線形写像とする. $\langle \boldsymbol{a}_1, \boldsymbol{a}_2, \cdots, \boldsymbol{a}_n \rangle$ と $\langle \boldsymbol{b}_1, \boldsymbol{b}_2, \cdots, \boldsymbol{b}_m \rangle$ に関する f の行列表示を $A=[\alpha_{ij}]$, $\langle \boldsymbol{b}_1, \boldsymbol{b}_2, \cdots, \boldsymbol{b}_m \rangle$ と $\langle \boldsymbol{c}_1, \boldsymbol{c}_2, \cdots, \boldsymbol{c}_l \rangle$ に関する g の行列表示を $B=[\beta_{ij}]$ とする. すなわち,

$$f(\boldsymbol{a}_j) = \sum_{i=1}^{m} \alpha_{ij} \boldsymbol{b}_i \quad (1 \leq j \leq n), \tag{4.9}$$

$$g(\boldsymbol{b}_j) = \sum_{i=1}^{l} \beta_{ij} \boldsymbol{c}_i \quad (1 \leq j \leq m). \tag{4.10}$$

V から V'' への線形写像である $g \circ f$ の行列表示を $C=[\gamma_{ij}]$ とする. すなわち,

$$(g \circ f)(\boldsymbol{a}_j) = \sum_{i=1}^{l} \gamma_{ij} \boldsymbol{c}_i \quad (1 \leq j \leq n). \tag{4.11}$$

このとき

$$\begin{aligned} (g \circ f)(\boldsymbol{a}_j) &= g(f(\boldsymbol{a}_j)) = g\left(\sum_{k=1}^{m} \alpha_{kj} \boldsymbol{b}_k \right) \\ &= \sum_{k=1}^{m} \alpha_{kj} g(\boldsymbol{b}_k) = \sum_{k=1}^{m} \alpha_{kj} \left(\sum_{i=1}^{l} \beta_{ik} \boldsymbol{c}_i \right) \\ &= \sum_{i=1}^{l} \left(\sum_{k=1}^{m} \alpha_{kj} \beta_{ik} \right) \boldsymbol{c}_i = \sum_{i=1}^{l} \left(\sum_{k=1}^{m} \beta_{ik} \alpha_{kj} \right) \boldsymbol{c}_i \end{aligned}$$

であるから, (4.11) 式と係数を比較すると

$$\gamma_{ij} = \sum_{k=1}^{m} \beta_{ik} \alpha_{kj}$$

であることがわかる．したがって $C = BA$ である．

V が K 上の線形空間で，$\langle \boldsymbol{a}_1, \boldsymbol{a}_2, \cdots, \boldsymbol{a}_n \rangle$ が V の基底であるとする．V の恒等写像 I_V は V の各元 $\boldsymbol{x}$ に対して $\boldsymbol{x}$ 自身を対応させる写像であり，これは V の線形変換，つまり V から V 自身への線形写像である．

$$I_V(\boldsymbol{a}_j) = \boldsymbol{a}_j$$

により，I_V の基底 $\langle \boldsymbol{a}_1, \boldsymbol{a}_2, \cdots, \boldsymbol{a}_n \rangle$ に関する行列表示は E_n である．

f を線形空間 V の線形変換とする．f の，基底 $\langle \boldsymbol{a}_1, \boldsymbol{a}_2, \cdots, \boldsymbol{a}_n \rangle$ に関する行列表示 $A_f = [\alpha_{ij}]$ は式

$$f(\boldsymbol{a}_j) = \sum_{i=1}^{n} \alpha_{ij} \boldsymbol{a}_i$$

によって得られる．仮に f の逆写像 f^{-1} が存在したとし，この行列表示を $A_{f^{-1}}$ とすると，

$$f \circ f^{-1} = f^{-1} \circ f = I_V$$

より，

$$A_f A_{f^{-1}} = A_{f^{-1}} A_f = E_n$$

となる．よって行列 A_f は $A_{f^{-1}}$ を逆行列とする正則行列である．

逆に，もし f の行列表示 A_f が正則であれば，$(A_f)^{-1}$ によって定められる線形変換 $L_{(A_f)^{-1}}$ が f の逆変換となる．

例 17 で述べたように，空間の線形変換は３次の実正方行列で表示されるが，このとき体積はどのようになるかをみよう．行列

$$A = \begin{bmatrix} a_{11} & a_{12} & a_{13} \\ a_{21} & a_{22} & a_{23} \\ a_{31} & a_{32} & a_{33} \end{bmatrix}$$

で表示される空間の線形変換を L_A とする．$\delta_1, \delta_2, \delta_3$ を微小な正の数として，各辺が x 軸，y 軸，z 軸に平行で長さが $\delta_1, \delta_2, \delta_3$ である小さい直方体 $\mathrm{A}_1\mathrm{A}_2\mathrm{A}_3\mathrm{A}_4\mathrm{A}_5\mathrm{A}_6\mathrm{A}_7\mathrm{A}_8$ を考える．

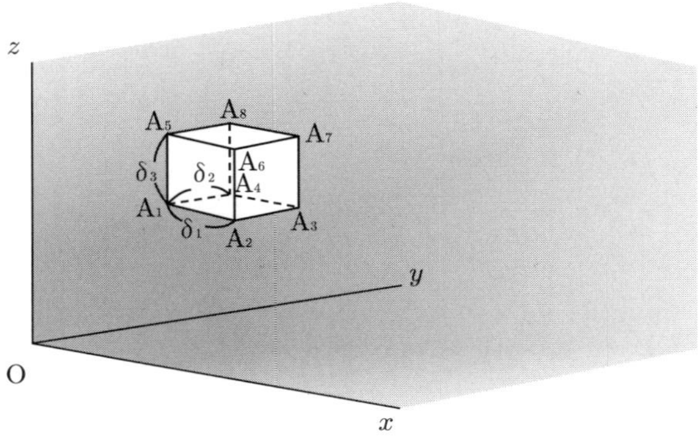

この直方体は

$$\boldsymbol{a} = \overrightarrow{\mathrm{A_1A_2}} = \begin{bmatrix} \delta_1 \\ 0 \\ 0 \end{bmatrix}, \quad \boldsymbol{b} = \overrightarrow{\mathrm{A_1A_4}} = \begin{bmatrix} 0 \\ \delta_2 \\ 0 \end{bmatrix}, \quad \boldsymbol{c} = \overrightarrow{\mathrm{A_1A_5}} = \begin{bmatrix} 0 \\ 0 \\ \delta_3 \end{bmatrix}$$

で張られる平行六面体で，体積は $\delta_1\delta_2\delta_3$ である．これを L_A で変換すると，ベクトル $\boldsymbol{a}$，$\boldsymbol{b}$，$\boldsymbol{c}$ はそれぞれ

$$A\boldsymbol{a} = \begin{bmatrix} a_{11} & a_{12} & a_{13} \\ a_{21} & a_{22} & a_{23} \\ a_{31} & a_{32} & a_{33} \end{bmatrix} \begin{bmatrix} \delta_1 \\ 0 \\ 0 \end{bmatrix} = \begin{bmatrix} a_{11}\delta_1 \\ a_{21}\delta_1 \\ a_{31}\delta_1 \end{bmatrix},$$

$$A\boldsymbol{b} = \begin{bmatrix} a_{11} & a_{12} & a_{13} \\ a_{21} & a_{22} & a_{23} \\ a_{31} & a_{32} & a_{33} \end{bmatrix} \begin{bmatrix} 0 \\ \delta_2 \\ 0 \end{bmatrix} = \begin{bmatrix} a_{12}\delta_2 \\ a_{22}\delta_2 \\ a_{32}\delta_2 \end{bmatrix},$$

$$A\boldsymbol{c} = \begin{bmatrix} a_{11} & a_{12} & a_{13} \\ a_{21} & a_{22} & a_{23} \\ a_{31} & a_{32} & a_{33} \end{bmatrix} \begin{bmatrix} 0 \\ 0 \\ \delta_3 \end{bmatrix} = \begin{bmatrix} a_{13}\delta_3 \\ a_{23}\delta_3 \\ a_{33}\delta_3 \end{bmatrix}$$

に変換されるから，直方体 $\mathrm{A_1A_2A_3A_4A_5A_6A_7A_8}$ は

$$\boldsymbol{a}' = \begin{bmatrix} a_{11}\delta_1 \\ a_{21}\delta_1 \\ a_{31}\delta_1 \end{bmatrix}, \quad \boldsymbol{b}' = \begin{bmatrix} a_{12}\delta_2 \\ a_{22}\delta_2 \\ a_{32}\delta_2 \end{bmatrix}, \quad \boldsymbol{c}' = \begin{bmatrix} a_{13}\delta_3 \\ a_{23}\delta_3 \\ a_{33}\delta_3 \end{bmatrix}$$

で張られる平行六面体に移される．1.3 節で述べたように，この平行六面体の体積は

$$\begin{aligned} |(\boldsymbol{a}' \times \boldsymbol{b}', \boldsymbol{c}')| = \delta_1\delta_2\delta_3 |a_{13}(a_{21}a_{32} - a_{31}a_{22}) + a_{23}(a_{31}a_{12} - a_{11}a_{32}) \\ + a_{33}(a_{11}a_{22} - a_{21}a_{12})| \end{aligned}$$

となる．上の｜　｜の中は $\det A$ の第３列に関する余因数展開である（2.5 節参照）から，この平行六面体の体積は

$$\delta_1\delta_2\delta_3 |\det A|$$

である．したがってこの空間の線形変換によって体積はもとの $|\det A|$ 倍になる．

この倍率は空間のどの点でも一定であることから，直方体に限らず，一般に空間の体積 v の図形はこの線形変換によって体積が

$$v \cdot |\det A|$$

の図形に移されることがわかる．

$\det A \neq 0$ のときは，体積が正の図形は正の体積をもつ図形に移されるが，$\det A = 0$ のときには，正の体積をもつ図形が体積 0 の図形に移される．体積が 0 の図形とは，例えば直線とか平面図形のように空間における厚みがない図形のことである．

空間においては，標準的な基底 $\langle \boldsymbol{e}_1, \boldsymbol{e}_2, \boldsymbol{e}_3 \rangle$ があり（p.14），任意の空間ベクトル $\boldsymbol{x}$ は適当な実数 x_1, x_2, x_3 によって

$$\boldsymbol{x} = x_1\boldsymbol{e}_1 + x_2\boldsymbol{e}_2 + x_3\boldsymbol{e}_3$$

と表わされる．

３次正方行列 A については $\text{rank } A \leq 3$ であり，等号が成り立つのは A が正則のときに限る（定理 3.1.2）．したがってもしも $\det A = 0$ ならば $\text{rank } A$ は 0, 1, 2 のいずれかである．

$\text{rank } A = 2$ の場合，4.6 節で述べたことから，L_A の像の次元は 2 である．したがって３つのベクトル

$$L_A(\boldsymbol{e}_1) = A\boldsymbol{e}_1,\quad L_A(\boldsymbol{e}_2) = A\boldsymbol{e}_2,\quad L_A(\boldsymbol{e}_3) = A\boldsymbol{e}_3$$

のうちの２つが一次独立で，残りの１つはこの２つのベクトルの線形結合として表わされる．例えば，$A\boldsymbol{e}_1$, $A\boldsymbol{e}_2$ が一次独立で，

$$A\boldsymbol{e}_3 = c_1 A\boldsymbol{e}_1 + c_2 A\boldsymbol{e}_2$$

となっている．任意の空間ベクトル $\boldsymbol{x}$ の L_A による像は

$$\begin{aligned} A\boldsymbol{x} &= A(x_1\boldsymbol{e}_1 + x_2\boldsymbol{e}_2 + x_3\boldsymbol{e}_3) \\ &= x_1 A\boldsymbol{e}_1 + x_2 A\boldsymbol{e}_2 + x_3 A\boldsymbol{e}_3 \\ &= (x_1 + c_1 x_3)A\boldsymbol{e}_1 + (x_2 + c_2 x_3)A\boldsymbol{e}_2 \end{aligned}$$

となる．よって L_A による空間 $\mathbf{R}^3$ の像は $A\boldsymbol{e}_1$ と $A\boldsymbol{e}_2$ で張られる平面である．

同様に考えて，rank $A = 1$ の場合には L_A による空間 $\mathbf{R}^3$ の像は直線であり，rank $A = 0$ の場合には L_A による空間 $\mathbf{R}^3$ の像は原点のみであることがわかる．

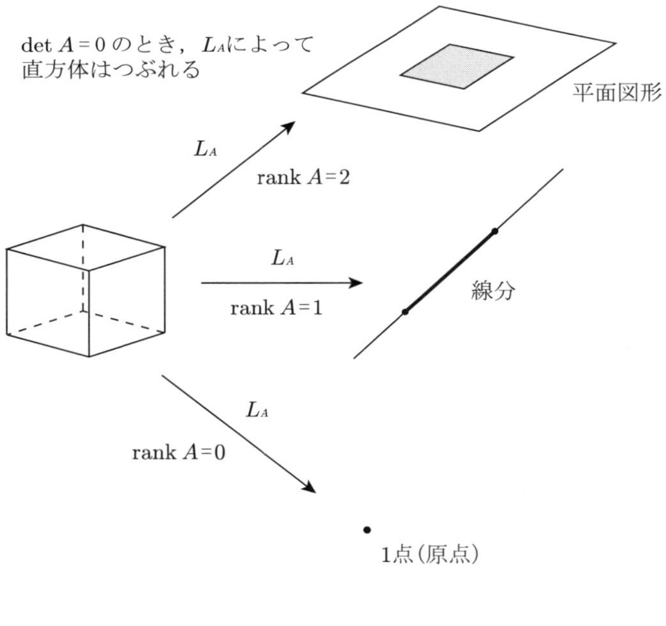

4.8　基底の変換

V を K 上の線形空間とし，V の２通りの基底

$$\langle \boldsymbol{a}_1, \boldsymbol{a}_2, \cdots, \boldsymbol{a}_n \rangle, \quad \langle \boldsymbol{a}'_1, \boldsymbol{a}'_2, \cdots, \boldsymbol{a}'_n \rangle$$

があるとする．このとき

$$\boldsymbol{a}'_j = \sum_{i=1}^{n} r_{ij} \boldsymbol{a}_i \quad (r_{ij} \in K)$$

と表わされる．この n 次正方行列 $R = [r_{ij}]$ を**基底の変換**

$$\langle \boldsymbol{a}_1, \boldsymbol{a}_2, \cdots, \boldsymbol{a}_n \rangle \ \to \ \langle \boldsymbol{a}'_1, \boldsymbol{a}'_2, \cdots, \boldsymbol{a}'_n \rangle$$

の行列という．

❏ **問題 4.8.1**　$\boldsymbol{a}_1 = \begin{bmatrix} 1 \\ 1 \\ 0 \end{bmatrix}$, $\boldsymbol{a}_2 = \begin{bmatrix} 1 \\ 0 \\ 1 \end{bmatrix}$, $\boldsymbol{a}_3 = \begin{bmatrix} 0 \\ 1 \\ 1 \end{bmatrix}$,

$$\boldsymbol{b}_1 = \begin{bmatrix} 1 \\ -2 \\ 3 \end{bmatrix}, \ \boldsymbol{b}_2 = \begin{bmatrix} 0 \\ 1 \\ -4 \end{bmatrix}, \ \boldsymbol{b}_3 = \begin{bmatrix} 3 \\ 2 \\ -1 \end{bmatrix}$$

とする．

(1) $\langle \boldsymbol{a}_1, \boldsymbol{a}_2, \boldsymbol{a}_3 \rangle$, $\langle \boldsymbol{b}_1, \boldsymbol{b}_2, \boldsymbol{b}_3 \rangle$ はいずれも $\mathbf{R}$ 上の線形空間 $\mathbf{R}^3$ の基底であることを示しなさい．

(2) 基底の変換

$$\langle \boldsymbol{a}_1, \boldsymbol{a}_2, \boldsymbol{a}_3 \rangle \ \to \ \langle \boldsymbol{b}_1, \boldsymbol{b}_2, \boldsymbol{b}_3 \rangle$$

の行列を求めなさい．

同じ線形写像を異なる基底で行列表示したらどのようになるかをみよう．V, V' は K 上の線形空間として，V の２通りの基底

$$\langle \boldsymbol{a}_1, \boldsymbol{a}_2, \cdots, \boldsymbol{a}_n \rangle, \quad \langle \boldsymbol{a}'_1, \boldsymbol{a}'_2, \cdots, \boldsymbol{a}'_n \rangle$$

$(\dim V = n)$ と V' の２通りの基底

$$\langle \boldsymbol{b}_1, \boldsymbol{b}_2, \cdots, \boldsymbol{b}_m \rangle, \quad \langle \boldsymbol{b}'_1, \boldsymbol{b}'_2, \cdots, \boldsymbol{b}'_m \rangle$$

$(\dim V' = m)$ があるとする．基底の変換

$$\langle \boldsymbol{a}_1, \boldsymbol{a}_2, \cdots, \boldsymbol{a}_n \rangle \ \rightarrow \ \langle \boldsymbol{a}'_1, \boldsymbol{a}'_2, \cdots, \boldsymbol{a}'_n \rangle$$

の行列を $R = [r_{ij}]$ とし，基底の変換

$$\langle \boldsymbol{b}_1, \boldsymbol{b}_2, \cdots, \boldsymbol{b}_m \rangle \ \rightarrow \ \langle \boldsymbol{b}'_1, \boldsymbol{b}'_2, \cdots, \boldsymbol{b}'_m \rangle$$

の行列を $S = [s_{ij}]$ とする．

$$\boldsymbol{a}'_j = \sum_{i=1}^{n} r_{ij} \boldsymbol{a}_i \quad (1 \leq j \leq n),$$

$$\boldsymbol{b}'_j = \sum_{i=1}^{m} s_{ij} \boldsymbol{b}_i \quad (1 \leq j \leq m).$$

f は V から V' への線形写像として，基底

$$\langle \boldsymbol{a}_1, \boldsymbol{a}_2, \cdots, \boldsymbol{a}_n \rangle, \quad \langle \boldsymbol{b}_1, \boldsymbol{b}_2, \cdots, \boldsymbol{b}_m \rangle$$

についての行列表示を $A = [\alpha_{ij}]$ とし，基底

$$\langle \boldsymbol{a}'_1, \boldsymbol{a}'_2, \cdots, \boldsymbol{a}'_n \rangle, \quad \langle \boldsymbol{b}'_1, \boldsymbol{b}'_2, \cdots, \boldsymbol{b}'_m \rangle$$

についての行列表示を $A' = [\alpha'_{ij}]$ とする．つまり，

$$f(\boldsymbol{a}_j) = \sum_{i=1}^{m} \alpha_{ij} \boldsymbol{b}_i \quad (1 \leq j \leq n), \tag{4.12}$$

$$f(\boldsymbol{a}'_j) = \sum_{i=1}^{m} \alpha'_{ij} \boldsymbol{b}'_i \quad (1 \leq j \leq n). \tag{4.13}$$

このとき

$$f(\boldsymbol{a}'_j) = f\left(\sum_{k=1}^{n} r_{kj}\boldsymbol{a}_k\right) = \sum_{k=1}^{n} r_{kj} f(\boldsymbol{a}_k)$$
$$= \sum_{k=1}^{n} r_{kj}\left(\sum_{t=1}^{m} \alpha_{tk}\boldsymbol{b}_t\right) = \sum_{t=1}^{m}\left(\sum_{k=1}^{n} r_{kj}\alpha_{tk}\boldsymbol{b}_t\right).$$

S の逆行列を $S^{-1} = [s'_{ij}]$ とすると

$$\boldsymbol{b}_t = \sum_{i=1}^{m} s'_{it}\boldsymbol{b}'_i \quad (1 \leq t \leq m)$$

であり,

$$\sum_{t=1}^{m}\left(\sum_{k=1}^{n} r_{kj}\alpha_{tk}\boldsymbol{b}_t\right) = \sum_{t=1}^{m}\left(\sum_{k=1}^{n} r_{kj}\alpha_{tk}\left(\sum_{i=1}^{m} s'_{it}\boldsymbol{b}'_i\right)\right)$$
$$= \sum_{i=1}^{m}\left(\sum_{t=1}^{m}\sum_{k=1}^{n} r_{kj}\alpha_{tk}s'_{it}\right)\boldsymbol{b}'_i$$

(4.13) 式と比較すると

$$\alpha'_{ij} = \sum_{t=1}^{m}\sum_{k=1}^{n} r_{kj}\alpha_{tk}s'_{it} = \sum_{t=1}^{m}\sum_{k=1}^{n} s'_{it}\alpha_{tk}r_{kj}$$

この右辺は行列 $S^{-1}AR$ の $(i,\ j)$ 成分であるから, $A' = S^{-1}AR$ であることがわかる.

❏ **問題 4.8.2** $\mathbf{R}^3$ の線形変換

$$f : \begin{bmatrix} x \\ y \\ z \end{bmatrix} \longmapsto \begin{bmatrix} 2x - y + z \\ -x + y \\ -3x - 4y - 5z \end{bmatrix}$$

を基底

$$\boldsymbol{a}_1 = \begin{bmatrix} 1 \\ -2 \\ 3 \end{bmatrix}, \quad \boldsymbol{a}_2 = \begin{bmatrix} 0 \\ 1 \\ -4 \end{bmatrix}, \quad \boldsymbol{a}_3 = \begin{bmatrix} 3 \\ 2 \\ -1 \end{bmatrix}$$

に関して行列表示しなさい.

章 末 問 題

1. A は n 次正方行列とする．$k \leq n$ である自然数 k について，A から相異なる k 個の列と相異なる k 個の行をとり出してそれらに共通な成分を並べた行列式を A の次数 k の**小行列式**という．

(例えば $A = \begin{bmatrix} 2 & -3 & 6 & 0 \\ 1 & 1 & 3 & -8 \\ 0 & 7 & 3 & 4 \\ -5 & 2 & 2 & 3 \end{bmatrix}$ の次数3の小行列式は $\begin{bmatrix} 2 & -3 & 6 \\ 1 & 1 & 3 \\ 0 & 7 & 3 \end{bmatrix}$，

$\begin{bmatrix} 2 & -3 & 0 \\ 1 & 1 & -8 \\ 0 & 7 & 4 \end{bmatrix}$，等.)

A の0でない小行列式の最大次数は rank A に等しいことを証明しなさい．

2. (1)　V は K 上の線形空間とし，V のベクトル $\boldsymbol{a}_1, \boldsymbol{a}_2, \cdots, \boldsymbol{a}_n$ は一次独立であるとする．V のベクトル $\boldsymbol{b}_1, \boldsymbol{b}_2, \cdots, \boldsymbol{b}_n$ が

$$\boldsymbol{b}_j = \sum_{i=1}^{n} a_{ij}\boldsymbol{a}_i \quad (1 \leq j \leq n)$$

で与えられており，行列 $A = [a_{ij}]$ が正則ならば，$\boldsymbol{b}_1, \boldsymbol{b}_2, \cdots, \boldsymbol{b}_n$ は一次独立であることを証明しなさい．

(2)　$\mathbf{R}^n$ の n 個のベクトル $\boldsymbol{a}_1, \boldsymbol{a}_2, \cdots, \boldsymbol{a}_n$ が $\mathbf{R}^n$ の基底であるとする．A を n 次正則行列として，

$$A\boldsymbol{a}_i = \boldsymbol{b}_i \quad (1 \leq i \leq n)$$

とすれば，$\boldsymbol{b}_1, \boldsymbol{b}_2, \cdots, \boldsymbol{b}_n$ もまた $\mathbf{R}^n$ の基底であることを証明しなさい．

3.　実係数の連立一次方程式

$$\begin{cases} a_{11}x_1 + a_{12}x_2 + \cdots + a_{1n}x_n = p_1 \\ a_{21}x_1 + a_{22}x_2 + \cdots + a_{2n}x_n = p_2 \\ \cdots\cdots\cdots\cdots\cdots\cdots\cdots \\ a_{m1}x_1 + a_{m2}x_2 + \cdots + a_{mn}x_n = p_m \end{cases} \qquad (p_1,\ p_2,\ \cdots,\ p_m \text{ も実数})$$

が実数の範囲で解をもたないならば，複素数の範囲でも解をもたないことを証明しなさい．

第5章

内積と固有値

一般の線形空間には和とスカラー倍の構造しかないが，この章では距離を考えることができる線形空間について述べる．また，固有値を用いる，より高度な行列の理論を述べる．

5.1 内 積

この章においては，距離が定義された線形空間を考える．前章同様，K は実数体 $\mathbf{R}$ または複素数体 $\mathbf{C}$ を表わすものとし，V は K 上の線形空間とする．V の任意の２つの元 $\boldsymbol{x}, \boldsymbol{y}$ に対して，$(\boldsymbol{x}, \boldsymbol{y})$ と記される K の元が定まり，次の (1) $\sim$ (4) をみたすとき，$(\boldsymbol{x}, \boldsymbol{y})$ のことを $\boldsymbol{x}$ と $\boldsymbol{y}$ の**内積**という．

(1) $(\boldsymbol{x}, \boldsymbol{y}_1 + \boldsymbol{y}_2) = (\boldsymbol{x}, \boldsymbol{y}_1) + (\boldsymbol{x}, \boldsymbol{y}_2)$
$(\boldsymbol{x}_1 + \boldsymbol{x}_2, \boldsymbol{y}) = (\boldsymbol{x}_1, \boldsymbol{y}) + (\boldsymbol{x}_2, \boldsymbol{y})$

(2) $(\alpha\boldsymbol{x}, \boldsymbol{y}) = \alpha(\boldsymbol{x}, \boldsymbol{y}), \quad (\boldsymbol{x}, \alpha\boldsymbol{y}) = \bar{\alpha}(\boldsymbol{x}, \boldsymbol{y})$

(3) $(\boldsymbol{x}, \boldsymbol{y}) = \overline{(\boldsymbol{y}, \boldsymbol{x})}$

(4) $(\boldsymbol{x}, \boldsymbol{x})$ は常に正または 0 の実数で，$(\boldsymbol{x}, \boldsymbol{x}) = 0$ となるのは $\boldsymbol{x} = \boldsymbol{0}$ のときに限る．

$\bar{\alpha}$ は α の共役複素数を表わす．K が実数体である場合は $^{-}$（複素共役）は不要である．

内積をもつ線形空間を**計量線形空間**という．

V が，内積 $(\boldsymbol{x}, \boldsymbol{y})$ をもつ計量線形空間であるとき，V の各元 $\boldsymbol{x}$ に対して

$$||\boldsymbol{x}|| = \sqrt{(\boldsymbol{x}, \boldsymbol{x})}$$

と定め，これを $\boldsymbol{x}$ の**ノルム**（長さ）という．$||\boldsymbol{x}||$ は0または正の実数であって，$||\boldsymbol{x}|| = 0$ となるのは $\boldsymbol{x} = \boldsymbol{0}$ のときに限る．

$(\boldsymbol{x}, \boldsymbol{y}) = 0$ であるときに2つのベクトル $\boldsymbol{x}, \boldsymbol{y}$ は**直交する**という．

平面ベクトルまたは空間ベクトルの場合には上の直交という言葉は幾何学的な直交という概念と一致する．

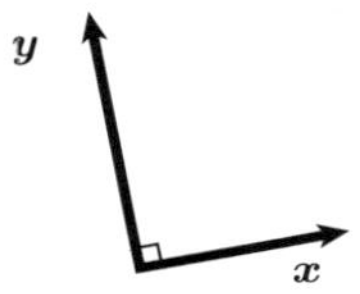

$\boldsymbol{x}, \boldsymbol{y}$ の一方が $\boldsymbol{0}$ である場合は幾何学的な直交とは少し意味が異なるが，直交という言葉を拡張したものであると解釈する．

定理 5.1.1 計量線形空間においては，次の不等式が成り立つ．

(I) $|(\boldsymbol{x}, \boldsymbol{y})| \leq ||\boldsymbol{x}|| \cdot ||\boldsymbol{y}||$ （**シュワルツ (Schwarz) の不等式**）

(II) $||\boldsymbol{x} + \boldsymbol{y}|| \leq ||\boldsymbol{x}|| + ||\boldsymbol{y}||$ （**三角不等式**）

証明 (I) $\boldsymbol{y} = \boldsymbol{0}$ のときは明らかに等号が成立する．よって $\boldsymbol{y} \neq \boldsymbol{0}$ とする．任意の複素数 α，β に対して

$$\begin{aligned} 0 &\leq ||\alpha\boldsymbol{x} + \beta\boldsymbol{y}||^2 \\ &= (\alpha\boldsymbol{x} + \beta\boldsymbol{y}, \alpha\boldsymbol{x} + \beta\boldsymbol{y}) \\ &= \alpha\bar{\alpha}(\boldsymbol{x}, \boldsymbol{x}) + \alpha\bar{\beta}(\boldsymbol{x}, \boldsymbol{y}) + \bar{\alpha}\beta(\boldsymbol{y}, \boldsymbol{x}) + \beta\bar{\beta}(\boldsymbol{y}, \boldsymbol{y}) \\ &= |\alpha|^2 \cdot ||\boldsymbol{x}||^2 + \alpha\bar{\beta}(\boldsymbol{x}, \boldsymbol{y}) + \bar{\alpha}\beta\overline{(\boldsymbol{x}, \boldsymbol{y})} + |\beta|^2 \cdot ||\boldsymbol{y}||^2. \end{aligned}$$

特に，$\alpha = ||\boldsymbol{y}||^2, \beta = -(\boldsymbol{x}, \boldsymbol{y})$ とおくと，

$$\begin{aligned} &||\boldsymbol{y}||^4||\boldsymbol{x}||^2 - ||\boldsymbol{y}||^2\overline{(\boldsymbol{x}, \boldsymbol{y})}(\boldsymbol{x}, \boldsymbol{y}) - ||\boldsymbol{y}||^2(\boldsymbol{x}, \boldsymbol{y})\overline{(\boldsymbol{x}, \boldsymbol{y})} + |(\boldsymbol{x}, \boldsymbol{y})|^2||\boldsymbol{y}||^2 \\ &= ||\boldsymbol{y}||^2\{||\boldsymbol{x}||^2||\boldsymbol{y}||^2 - |(\boldsymbol{x}, \boldsymbol{y})|^2\} \geq 0. \end{aligned}$$

$||\boldsymbol{y}|| > 0$ だから，

$$||\boldsymbol{x}||^2||\boldsymbol{y}||^2 \geq |(\boldsymbol{x}, \boldsymbol{y})|^2,$$

したがって $||\boldsymbol{x}|| \cdot ||\boldsymbol{y}|| \geq |(\boldsymbol{x}, \boldsymbol{y})|$.

(II) $(\boldsymbol{x}, \boldsymbol{y}) = a + bi$ （a, b は実数）とすると,

$$a \leq |a| = \sqrt{a^2} \leq \sqrt{a^2 + b^2} = |(\boldsymbol{x}, \boldsymbol{y})|.$$

$||\boldsymbol{x}+\boldsymbol{y}||^2 = ||\boldsymbol{x}||^2 + (\boldsymbol{x}, \boldsymbol{y}) + \overline{(\boldsymbol{x}, \boldsymbol{y})} + ||\boldsymbol{y}||^2$ において,

$$\begin{aligned}(\boldsymbol{x}, \boldsymbol{y}) + \overline{(\boldsymbol{x}, \boldsymbol{y})} &= (a + bi) + (a - bi) \\ &= 2a \leq 2|(\boldsymbol{x}, \boldsymbol{y})| \leq 2||\boldsymbol{x}|| \cdot ||\boldsymbol{y}||,\end{aligned}$$

よって

$$\begin{aligned}||\boldsymbol{x}+\boldsymbol{y}||^2 &\leq ||\boldsymbol{x}||^2 + 2||\boldsymbol{x}|| \cdot ||\boldsymbol{y}|| + ||\boldsymbol{y}||^2 \\ &= (||\boldsymbol{x}|| + ||\boldsymbol{y}||)^2.\end{aligned}$$

平方根をとると

$$||\boldsymbol{x}+\boldsymbol{y}|| \leq ||\boldsymbol{x}|| + ||\boldsymbol{y}||.$$

▨

例 1 **(複素線形空間 $\mathbf{C}^n$ の標準的な内積)** $\mathbf{C}^n$ のベクトル

$$\boldsymbol{x} = \begin{bmatrix} x_1 \\ x_2 \\ \vdots \\ x_n \end{bmatrix}, \quad \boldsymbol{y} = \begin{bmatrix} y_1 \\ y_2 \\ \vdots \\ y_n \end{bmatrix}$$

に対して,

$$(\boldsymbol{x}, \boldsymbol{y}) = \sum_{i=1}^{n} x_i \overline{y_i}.$$

この場合 Schwarz の不等式は，次のようになる.

$$\begin{aligned}&|x_1\overline{y_1} + x_2\overline{y_2} + \cdots + x_n\overline{y_n}|^2 \\ &\leq (|x_1|^2 + |x_2|^2 + \cdots + |x_n|^2)(|y_1|^2 + |y_2|^2 + \cdots + |y_n|^2)\end{aligned}$$

▨

❏ **問題 5.1.1** 例 1 で与えられた複素線形空間 $\mathbf{C}^3$ の内積によって

$$\boldsymbol{x} = \begin{bmatrix} 3 \\ -4i \\ 1+i \end{bmatrix}, \quad \boldsymbol{y} = \begin{bmatrix} 1+5i \\ -2 \\ 0 \end{bmatrix}$$

について，$(\boldsymbol{x}, \boldsymbol{y})$, $(\boldsymbol{y}, \boldsymbol{x})$, $||\boldsymbol{x}||$, $||\boldsymbol{y}||$ を求めなさい.

例 2 空間ベクトルの間には 1.3 節で定義された内積

$$(\boldsymbol{x}, \boldsymbol{y}) = ||\boldsymbol{x}|| \cdot ||\boldsymbol{y}|| \cdot \cos\theta \qquad (\theta \text{ は } \boldsymbol{x}, \boldsymbol{y} \text{ の間の角})$$

がある．したがって空間ベクトルの全体は計量線形空間である．同様に，平面ベクトルの全体も計量線形空間である． ▨

例 3 閉区間 $a \leq x \leq b$ で定義された連続関数全体 $C([a,\, b])$ は通常の関数の和とスカラー倍について実線形空間となる．$C([a,\, b])$ に属する関数 $f(x), g(x)$ に対して，

$$(f(x),\, g(x)) = \int_a^b f(x)g(x)\ dx$$

と定めると，これは内積の条件をみたす．

この場合 Schwarz の不等式は，次のようになる．

$$\left\{\int_a^b f(x)g(x)\ dx\right\}^2 \leq \left\{\int_a^b (f(x))^2\ dx\right\}\left\{\int_a^b (g(x))^2\ dx\right\}$$ ▨

❏ **問題 5.1.2** 複素線形空間 $\mathbf{C}^3$ において，$\boldsymbol{a}_1 = \begin{bmatrix} 1 \\ i \\ 0 \end{bmatrix}$ と $\boldsymbol{a}_2 = \begin{bmatrix} 3 \\ 0 \\ 1 \end{bmatrix}$ の双方に直交するノルムが 1 のベクトルは

$$\boldsymbol{x} = \frac{1}{\sqrt{11}}(\cos\theta + i\sin\theta)\begin{bmatrix} 1 \\ -i \\ -3 \end{bmatrix} \quad (0 \leq \theta < 2\pi)$$

の形に表わされることを示しなさい（したがってそのようなベクトルは無限に多く存在する）．

❏ **問題 5.1.3** $\boldsymbol{x}$ が複素線形空間 $\mathbf{C}^n$ のベクトルで，$\mathbf{C}^n$ の任意のベクトル $\boldsymbol{y}$ に対して

$$(\boldsymbol{x}, \boldsymbol{y}) = 0$$

となるならば $\boldsymbol{x} = \mathbf{0}$ であることを証明しなさい．

❏ **問題 5.1.4** 例３で与えられた $C([0,\, 1])$ の内積によって

$$f(x) = 1 + 2x,\quad g(x) = 2x + x^3$$

について，$(f(x),\, g(x))$, $||f(x) - g(x)||$ を求めなさい．

V を計量線形空間として，V に属する任意の２つのベクトル $\boldsymbol{x}, \boldsymbol{y}$ に対して $d(\boldsymbol{x}, \boldsymbol{y})$ を

$$d(\boldsymbol{x}, \boldsymbol{y}) = ||\boldsymbol{x} - \boldsymbol{y}||$$

によって定義すると，$d(\boldsymbol{x}, \boldsymbol{y})$ は次のような性質をもつ．

(1) $d(\boldsymbol{x}, \boldsymbol{y})$ は 0 または正の実数で $d(\boldsymbol{x}, \boldsymbol{y}) = 0$ となるのは $\boldsymbol{x} = \boldsymbol{y}$ のときに限られる

(2) $d(\boldsymbol{x}, \boldsymbol{y}) = d(\boldsymbol{y}, \boldsymbol{x})$

(3) $d(\boldsymbol{x}, \boldsymbol{y}) + d(\boldsymbol{y}, \boldsymbol{z}) \geq d(\boldsymbol{x}, \boldsymbol{z})$

一般に，集合 S の２つの元 x, y に対して数 $d(x, y)$ を対応させる関数が定義されていて (1) ～ (3) の条件がみたされるときに，関数 $d(x, y)$ を S 上の**距離**といい，そのように距離の定義された集合 S を**距離空間**という．計量空間は距離空間である．

長さは内積によって定められるが，物理的な空間における距離は上で述べたものとは少し異なる．例えば質量が大きい星の近くでは重力によって空間が歪んでいる．ここで「歪んでいる」というのは，光路が通常の意味で「まっすぐ」ではない，ということである．

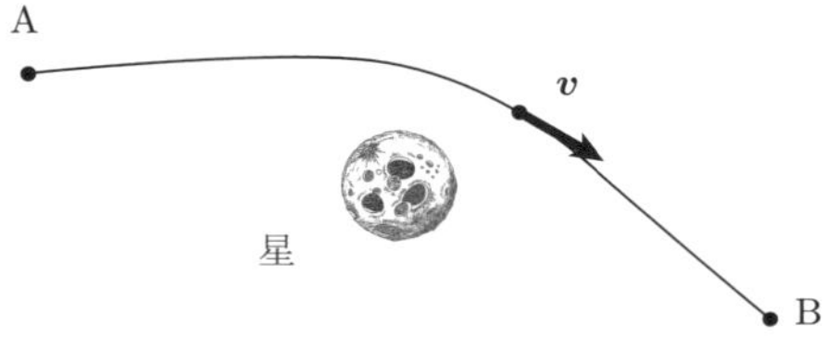

上の点 A から点 B までの道のりはその道（光路）上の各微小線分の長さを加えたもの（数学的には積分）であり，各微小線分の長さはその点における重力の影響を受けた一種の内積で与えられている．

5.2 距離を保存する線形変換

前節でみたように，複素線形空間 $\mathbf{C}^n$ の元

$$\boldsymbol{x} = \begin{bmatrix} x_1 \\ x_2 \\ \vdots \\ x_n \end{bmatrix}, \quad \boldsymbol{y} = \begin{bmatrix} y_1 \\ y_2 \\ \vdots \\ y_n \end{bmatrix}$$

の間には標準的な内積

$$(\boldsymbol{x}, \boldsymbol{y}) = \sum_{i=1}^{n} x_i \overline{y_i}$$

が定義されている．これは

$${}^t\boldsymbol{x}\bar{\boldsymbol{y}} = \begin{bmatrix} x_1 & x_2 & \cdots & x_n \end{bmatrix} \begin{bmatrix} \overline{y_1} \\ \overline{y_2} \\ \vdots \\ \overline{y_n} \end{bmatrix}$$

と書くこともできる（^{t} は転置行列（2.1 節）を，$\overline{}$ は複素共役を表わす．厳密にいえば左辺はスカラーであり，右辺は行列であるが，右辺の行列の唯一の成分をスカラーとみなせばよい）．

行列 $A = [a_{ij}]$ に対して，$\overline{a_{ji}}$ を $(i,\ j)$ 成分とする行列 $A^* = {}^t\bar{A}$ を A の**随伴行列**という．

A を n 次正方行列とする．$\mathbf{C}^n$ の２つのベクトル $\boldsymbol{x}, \boldsymbol{y}$ に対して，

$$\begin{aligned}(A\boldsymbol{x}, \boldsymbol{y}) &= {}^t(A\boldsymbol{x})\bar{\boldsymbol{y}} = {}^t\boldsymbol{x}\,{}^tA\bar{\boldsymbol{y}} = {}^t\boldsymbol{x}\overline{({}^t\bar{A}\boldsymbol{y})} \\ &= (\boldsymbol{x},\ {}^t\bar{A}\boldsymbol{y}) = (\boldsymbol{x},\ A^*\boldsymbol{y}).\end{aligned}$$

したがってもしも A が $A^*A = AA^* = E_n$ $(A^* = A^{-1})$ をみたすならば，

$$(A\boldsymbol{x},\ A\boldsymbol{x}) = (\boldsymbol{x},\ A^*A\boldsymbol{x}) = (\boldsymbol{x},\ E_n\boldsymbol{x}) = (\boldsymbol{x}, \boldsymbol{x}),$$

すなわち

$$||A\boldsymbol{x}|| = ||\boldsymbol{x}||$$

となる．このことは，行列 A による線形変換がノルムを変えないことを意味する．

$A^* = A^{-1}$ をみたす n 次正方行列を**ユニタリ行列**という．実ユニタリ行列（${}^tA = A^{-1}$ をみたす n 次実正方行列）を**直交行列**という．$AA^* = A^*A$ をみたす n 次正方行列を**正規行列**という．

4.7 節で述べたように，空間は実線形空間 $\mathbf{R}^3$ と同一視することができ，空間の線形変換は３次の実正方行列で表わされる．A を３次実正方行列とするとき，空間の線形変換 $\boldsymbol{x} \longmapsto A\boldsymbol{x}$ が距離を変えないことは A が直交行列であることと同値である．

正規直交基底　V は内積 $(\boldsymbol{x}, \boldsymbol{y})$ をもつ計量線形空間とする．V の基底 $\langle \boldsymbol{e}_1, \boldsymbol{e}_2, \cdots, \boldsymbol{e}_n \rangle$ が

$$(\boldsymbol{e}_i, \boldsymbol{e}_j) = \delta_{ij} = \begin{cases} 1 & (i = j) \\ 0 & (i \neq j) \end{cases}$$

をみたすとき，$\langle \boldsymbol{e}_1, \boldsymbol{e}_2, \cdots, \boldsymbol{e}_n \rangle$ を V の**正規直交基底**という．

定理 5.2.1　A を n 次正方行列とする．A の第 j 列を $\boldsymbol{a}_j$ とする $(1 \leq j \leq n)$ と，次の (i) ～ (iv) の条件は互いに同値である．

(i)　$\mathbf{C}^n$ の任意のベクトル $\boldsymbol{x}, \boldsymbol{y}$ について $(A\boldsymbol{x},\ A\boldsymbol{y}) = (\boldsymbol{x}, \boldsymbol{y})$.

(ii)　$\mathbf{C}^n$ の任意のベクトル $\boldsymbol{x}$ について $||A\boldsymbol{x}|| = ||\boldsymbol{x}||$.

(iii)　A はユニタリ行列である．

(iv)　$\langle \boldsymbol{a}_1, \boldsymbol{a}_2, \cdots, \boldsymbol{a}_n \rangle$ は複素線形空間 $\mathbf{C}^n$ の正規直交基底である．

証明　(i) ⇒ (iii).　$\mathbf{C}^n$ の任意のベクトル $\boldsymbol{x}, \boldsymbol{y}$ に対して，

$$\begin{aligned}(\boldsymbol{x},\ (A^*A - E_n)\boldsymbol{y}) &= (\boldsymbol{x},\ A^*A\boldsymbol{y}) - (\boldsymbol{x}, \boldsymbol{y}) \\ &= (A\boldsymbol{x},\ A\boldsymbol{y}) - (\boldsymbol{x}, \boldsymbol{y}) = 0.\end{aligned}$$

$\boldsymbol{x}$ は任意であるから問題 5.1.3 により，

$$(A^*A - E_n)\boldsymbol{y} = \mathbf{0}.$$

ここで $\boldsymbol{y}$ は任意であるから，$A^*A - E_n = \mathbf{0}$ （第２章章末問題２），よって

$$A^*A = E_n.$$

(iii) ⇒ (ii). $||A\boldsymbol{x}||^2 = (A\boldsymbol{x},\ A\boldsymbol{x}) = {}^t(A\boldsymbol{x})\overline{A\boldsymbol{x}}$
$= {}^t\boldsymbol{x}{}^tA\bar{A}\bar{\boldsymbol{x}} = {}^t\boldsymbol{x}\bar{\boldsymbol{x}} = (\boldsymbol{x}, \boldsymbol{x}) = ||\boldsymbol{x}||^2.$

(ii) ⇒ (i). $||\boldsymbol{x}+\boldsymbol{y}||^2 = (\boldsymbol{x}+\boldsymbol{y}, \boldsymbol{x}+\boldsymbol{y})$
$= ||\boldsymbol{x}||^2 + (\boldsymbol{x}, \boldsymbol{y}) + \overline{(\boldsymbol{x}, \boldsymbol{y})} + ||\boldsymbol{y}||^2,$

$$||A(\boldsymbol{x}+\boldsymbol{y})||^2 = ||A\boldsymbol{x}||^2 + (A\boldsymbol{x},\ A\boldsymbol{y}) + \overline{(A\boldsymbol{x},\ A\boldsymbol{y})} + ||A\boldsymbol{y}||^2.$$

仮定より

$$||\boldsymbol{x}+\boldsymbol{y}||^2 = ||A(\boldsymbol{x}+\boldsymbol{y})||^2,$$
$$||\boldsymbol{x}||^2 = ||A\boldsymbol{x}||^2,\ \ ||\boldsymbol{y}||^2 = ||A\boldsymbol{y}||^2$$

であるから，

$$(\boldsymbol{x}, \boldsymbol{y}) + \overline{(\boldsymbol{x}, \boldsymbol{y})} = (A\boldsymbol{x},\ A\boldsymbol{y}) + \overline{(A\boldsymbol{x},\ A\boldsymbol{y})}$$

となる．これより $(\boldsymbol{x}, \boldsymbol{y})$ と $(A\boldsymbol{x},\ A\boldsymbol{y})$ の実部どうしは等しいことがわかる．同様にして

$$||i\boldsymbol{x}+\boldsymbol{y}||^2 = ||A(i\boldsymbol{x}+\boldsymbol{y})||^2$$

から $(\boldsymbol{x}, \boldsymbol{y})$ と $(A\boldsymbol{x},\ A\boldsymbol{y})$ の虚部どうしが等しいことがわかるので，

$$(\boldsymbol{x}, \boldsymbol{y}) = (A\boldsymbol{x},\ A\boldsymbol{y}).$$

(iii) ⇔ (iv). $A = [a_{ij}]$，${}^tA = [b_{ij}]$ とすれば $b_{ij} = a_{ji}$．$\bar{A} = [\overline{a_{ij}}]$ であるから，行列 ${}^tA\bar{A}$ の $(i,\ j)$ 成分は

$$\sum_{k=1}^{n} b_{ik}\overline{a_{kj}} = \sum_{k=1}^{n} a_{ki}\overline{a_{kj}}.$$

これは内積 $(\boldsymbol{a}_i, \boldsymbol{a}_j)$ であるから，$\langle \boldsymbol{a}_1, \boldsymbol{a}_2, \cdots, \boldsymbol{a}_n \rangle$ が正規直交基底であることは ${}^tA\bar{A} = E_n$ と同値である．この式の複素共役をとれば ${}^t\bar{A}A = E_n$ となる．▨

シュミットの直交化法　普通の基底から正規直交基底を作る，**シュミット (Schmidt) の直交化法**という方法がよく知られている．V は計量線形空間とし，$\langle \boldsymbol{a}_1, \boldsymbol{a}_2, \cdots, \boldsymbol{a}_n \rangle$ が V の基底であるとする（$\dim V = n$）．

まず，$||\boldsymbol{a}_1|| \neq 0$ であるから，

$$\boldsymbol{u}_1 = ||\boldsymbol{a}_1||^{-1}\boldsymbol{a}_1$$

とおく．$||\boldsymbol{u}_1|| = 1$，$K\boldsymbol{u}_1 = K\boldsymbol{a}_1$ である（$K\boldsymbol{u}_1$ は $\boldsymbol{u}_1$ で生成された部分空間．4.6 節例 14 参照）．次に，

$$\boldsymbol{a}'_2 = \boldsymbol{a}_2 - (\boldsymbol{a}_2, \boldsymbol{u}_1)\boldsymbol{u}_1$$

とおくと，$\boldsymbol{a}'_2 \neq \boldsymbol{0}$ である（もしも $\boldsymbol{a}'_2 = \boldsymbol{0}$ ならば

$$\boldsymbol{a}_2 = (\boldsymbol{a}_2, \boldsymbol{u}_1)\boldsymbol{u}_1 = \{(\boldsymbol{a}_2, \boldsymbol{u}_1)||\boldsymbol{a}_1||^{-1}\}\boldsymbol{a}_1$$

となって，$\boldsymbol{a}_1, \boldsymbol{a}_2$ が一次独立であることに反す）．

また，

$$(\boldsymbol{a}'_2, \boldsymbol{u}_1) = (\boldsymbol{a}_2, \boldsymbol{u}_1) - (\boldsymbol{a}_2, \boldsymbol{u}_1)(\boldsymbol{u}_1, \boldsymbol{u}_1) = 0.$$

次に，

$$\boldsymbol{u}_2 = ||\boldsymbol{a}'_2||^{-1}\boldsymbol{a}'_2$$

とおくと $||\boldsymbol{u}_2|| = 1$ で，$\boldsymbol{u}_1, \boldsymbol{u}_2$ は直交し，

$$K\boldsymbol{u}_1 + K\boldsymbol{u}_2 = K\boldsymbol{a}_1 + K\boldsymbol{a}_2$$

である．次に，

$$\boldsymbol{a}'_3 = \boldsymbol{a}_3 - (\boldsymbol{a}_3, \boldsymbol{u}_1)\boldsymbol{u}_1 - (\boldsymbol{a}_3, \boldsymbol{u}_2)\boldsymbol{u}_2$$

とおく．上と同様に，$\boldsymbol{a}'_3 \neq \boldsymbol{0}$ であるので，

$$\boldsymbol{u}_3 = ||\boldsymbol{a}'_3||^{-1}\boldsymbol{a}'_3$$

とおくと $||\boldsymbol{u}_3|| = 1$ で，$\boldsymbol{u}_1, \boldsymbol{u}_2, \boldsymbol{u}_3$ は互いに直交し，

$$K\boldsymbol{u}_1 + K\boldsymbol{u}_2 + K\boldsymbol{u}_3 = K\boldsymbol{a}_1 + K\boldsymbol{a}_2 + K\boldsymbol{a}_3$$

である．

以下同様にして，$\boldsymbol{u}_1, \boldsymbol{u}_2, \cdots, \boldsymbol{u}_i$ まで得られたら

$$\boldsymbol{a}'_{i+1} = \boldsymbol{a}_{i+1} - (\boldsymbol{a}_{i+1}, \boldsymbol{u}_1)\boldsymbol{u}_1 - (\boldsymbol{a}_{i+1}, \boldsymbol{u}_2)\boldsymbol{u}_2 - \cdots - (\boldsymbol{a}_{i+1}, \boldsymbol{u}_i)\boldsymbol{u}_i,$$

$$\boldsymbol{u}_{i+1} = ||\boldsymbol{a}'_{i+1}||^{-1}\boldsymbol{a}'_{i+1}$$

とおく．この操作を続けると V の正規直交基底 $\boldsymbol{u}_1, \boldsymbol{u}_2, \cdots, \boldsymbol{u}_n$ が得られる．

したがって，有限次元計量線形空間は正規直交基底をもつ．

❏ **問題 5.2.1**

(1) $\boldsymbol{a}_1 = \begin{bmatrix} 1 \\ 0 \\ -1 \end{bmatrix}$, $\boldsymbol{a}_2 = \begin{bmatrix} 2 \\ 1 \\ 0 \end{bmatrix}$, $\boldsymbol{a}_3 = \begin{bmatrix} 1 \\ 1 \\ 3 \end{bmatrix}$ は実線形空間 $\mathbf{R}^3$ の基底であることを示しなさい.

(2) Schmidt の直交化法により, 上の基底から $\mathbf{R}^3$ の正規直交基底を作りなさい.

直交補空間　V が K 上の計量線形空間, $\boldsymbol{a}$ が V のベクトルであるとき, $\boldsymbol{a}$ と直交する V のベクトルの全体 $\{\boldsymbol{x} \in V \mid (\boldsymbol{x}, \boldsymbol{a}) = 0\}$ は V の部分空間である. これをベクトル $\boldsymbol{a}$ の**直交補空間**という. 一般に, 計量線形空間 V の部分空間 U に対して,

$$U^{\perp} = \{\boldsymbol{x} \in V \mid U \text{ の任意のベクトル } \boldsymbol{y} \text{ について } (\boldsymbol{x}, \boldsymbol{y}) = 0\}$$

は V の部分空間であり, U の**直交補空間**と呼ばれる.

定理 5.2.2　V を計量線形空間, U を V の部分空間とすると,

$$V = U \bigoplus U^{\perp}.$$

(直和 $\bigoplus$ については 4.6 節参照)

証明　U の正規直交基底を $\boldsymbol{a}_1, \boldsymbol{a}_2, \cdots, \boldsymbol{a}_d$ $(d = \dim U)$ とする. V の任意のベクトル $\boldsymbol{x}$ に対し,

$$c_i = (\boldsymbol{x}, \boldsymbol{a}_i) \quad (1 \leq i \leq d),$$
$$\boldsymbol{y} = \sum_{i=1}^{d} c_i \boldsymbol{x}_i, \quad \boldsymbol{z} = \boldsymbol{x} - \boldsymbol{y}$$

とおく. $\boldsymbol{y} \in U$ で, 各 j $(1 \leq j \leq d)$ について,

$$\begin{aligned}(\boldsymbol{z}, \boldsymbol{a}_j) &= (\boldsymbol{x}, \boldsymbol{a}_j) - (\boldsymbol{y}, \boldsymbol{a}_j) = (\boldsymbol{x}, \boldsymbol{a}_j) - \sum_{i=1}^{d} c_i (\boldsymbol{a}_i, \boldsymbol{a}_j) \\ &= (\boldsymbol{x}, \boldsymbol{a}_j) - c_j = 0.\end{aligned}$$

よって $\boldsymbol{z} \in U^{\perp}$ で $\boldsymbol{x} = \boldsymbol{y} + \boldsymbol{z}$ である. $U \cap U^{\perp} = \{0\}$ は明らかであるから, $V = U \bigoplus U^{\perp}$ である. ▨

上の定理において，V の任意のベクトル $\boldsymbol{x}$ は

$$\boldsymbol{x} = \boldsymbol{x}' + \boldsymbol{x}'' \quad (\boldsymbol{x}' \in U, \boldsymbol{x}'' \in U^{\perp})$$

と一意的に表されるから，$\boldsymbol{x} \in V$ に対して上の $\boldsymbol{x}' \in U$ を対応させることができる．この対応 $\pi : V \longrightarrow U$ は V から U への線形写像であり，$\mathrm{Ker}\,(\pi) = U^{\perp}$ である．よって 4.6 節定理 4.6.3 により $\dim V = \dim U + \dim U^{\perp}$ である．この π を V から U への**射影子**という．

❑ **問題 5.2.2**　実計量線形空間 $\mathbf{R}^3$ において，$\boldsymbol{a} = \begin{bmatrix} 1 \\ 2 \\ -3 \end{bmatrix}$ とする．

(1) $\boldsymbol{a}$ の直交補空間の基底を求めなさい．

(2) $\boldsymbol{a}$ は上で求めた基底で張られる平面の法線ベクトルであることを示しなさい．

5.3　固有値と固有ベクトル

固有値と固有ベクトル　A を n 次正方行列とする．

$$A\boldsymbol{x} = \alpha\boldsymbol{x}$$

となるような複素数 α と零ベクトルでない n 項列ベクトル $\boldsymbol{x}$ が存在するとき，α を A の**固有値**，$\boldsymbol{x}$ を固有値 α に対する A の**固有ベクトル**という．

α が A の固有値であるとすると，

$$(\alpha E_n - A)\boldsymbol{x} = \boldsymbol{0}$$

をみたす零ベクトルでない $\boldsymbol{x}$ が存在するから，行列 $\alpha E_n - A$ は非正則である．逆に $\alpha E_n - A$ が非正則であるような複素数 α は A の固有値である．よって A の固有値は方程式

$$\det\,(xE_n - A) = 0 \tag{5.1}$$

の根であることがわかる．(5.1) 式を A の**固有方程式**という．$\det\,(xE_n - A)$ を A の**固有多項式**といい，$\Phi_A(x)$ で表わす．

α を行列 A の 1 つの固有値とする．このとき $\{\boldsymbol{x} \in \mathbf{C}^n \mid A\boldsymbol{x} = \alpha x\}$ は複素線形空間 $\mathbf{C}^n$ の非自明な（零ベクトルでないものを含む）部分空間である．こ

れを A の固有値 α に対する**固有空間**といい，以下これを $U(\alpha)$ と表わすことにする.

V は複素線形空間，f は V の線形変換であるとする.

$$f(\boldsymbol{x}) = \alpha \boldsymbol{x}$$

となるような複素数 α と V の零ベクトルでないベクトル $\boldsymbol{x}$ が存在するとき，α を f の**固有値**，$\boldsymbol{x}$ を固有値 α に対する f の**固有ベクトル**という.

$\langle \boldsymbol{a}_1, \boldsymbol{a}_2, \cdots, \boldsymbol{a}_n \rangle$ が V の基底であるとして，この基底に関する線形変換 f の行列表示を A_f とすれば（4.7 節参照），f の固有値は行列 A_f の固有値と一致する.

例 4

$$A = \begin{bmatrix} 5 & -12 & -6 \\ 0 & 2 & 0 \\ 3 & -12 & -4 \end{bmatrix}$$

$$\Phi_A(x) = \begin{vmatrix} x-5 & 12 & 6 \\ 0 & x-2 & 0 \\ -3 & 12 & x+4 \end{vmatrix}$$

$$= x^3 - 3x^2 + 4 = (x+1)(x-2)^2$$

固有値 -1 に対応する固有空間 $U(-1)$ のベクトルを $\boldsymbol{x} = \begin{bmatrix} x_1 \\ x_2 \\ x_3 \end{bmatrix}$ とすると

$$\begin{bmatrix} 5 & -12 & -6 \\ 0 & 2 & 0 \\ 3 & -12 & -4 \end{bmatrix} \boldsymbol{x} = -\boldsymbol{x}$$

より

$$\begin{bmatrix} 6 & -12 & -6 \\ 0 & 3 & 0 \\ 3 & -12 & -3 \end{bmatrix} \begin{bmatrix} x_1 \\ x_2 \\ x_3 \end{bmatrix} = \boldsymbol{0}$$

この斉次連立一次方程式は

$$x_1 = x_3,\ x_2 = 0$$

と同値であるので（3.4 節参照）

$$U(-1) = \{\boldsymbol{x} \in \mathbf{C}^n \mid x_1 = x_3,\ x_2 = 0\}.$$

同様に固有値 2 に対応する固有空間は

$$U(2) = \{\boldsymbol{x} \in \mathbf{C}^n \mid x_1 - 4x_2 - 2x_3 = 0\}$$

となる. ▨

❏ 問題 5.3.1

(1)　$A = \begin{bmatrix} -16 & -42 \\ 7 & 19 \end{bmatrix}$ の固有値を求めなさい.

(2) (1) で求めた各固有値に対する固有空間はそれぞれ次元 1 であることを示しなさい.

補題 5.3.1　相異なる固有値に対応する固有ベクトルは互いに一次独立である. すなわち, $\alpha_1, \alpha_2, \cdots, \alpha_k$ が行列 A の互いに異なる固有値でベクトル $\boldsymbol{a}_1, \boldsymbol{a}_2, \cdots, \boldsymbol{a}_k$ がそれぞれに対する固有ベクトルであるとするならば, $\boldsymbol{a}_1, \boldsymbol{a}_2, \cdots, \boldsymbol{a}_k$ は一次独立である.

証明　仮に $\boldsymbol{a}_1, \boldsymbol{a}_2, \cdots, \boldsymbol{a}_k$ が一次独立でないとすると, $\boldsymbol{a}_1, \boldsymbol{a}_2, \cdots, \boldsymbol{a}_{t-1}$ は一次独立で $\boldsymbol{a}_1, \boldsymbol{a}_2, \cdots, \boldsymbol{a}_{t-1}, \boldsymbol{a}_t$ は一次従属であるような t $(t \leq k)$ がある. 補題 4.2.2 によって $\boldsymbol{a}_t$ は $\boldsymbol{a}_1, \boldsymbol{a}_2, \cdots, \boldsymbol{a}_{t-1}$ の一次結合として

$$\boldsymbol{a}_t = c_1\boldsymbol{a}_1 + c_2\boldsymbol{a}_2 + \cdots + c_{t-1}\boldsymbol{a}_{t-1}$$

と表わされる.

$$\begin{aligned}\alpha_t\boldsymbol{a}_t = A\boldsymbol{a}_t &= c_1A\boldsymbol{a}_1 + c_2A\boldsymbol{a}_2 + \cdots + c_{t-1}A\boldsymbol{a}_{t-1} \\ &= c_1\alpha_1\boldsymbol{a}_1 + c_2\alpha_2\boldsymbol{a}_2 + \cdots + c_{t-1}\alpha_{t-1}\boldsymbol{a}_{t-1}.\end{aligned}$$

他方,

$$\alpha_t\boldsymbol{a}_t = c_1\alpha_t\boldsymbol{a}_1 + c_2\alpha_t\boldsymbol{a}_2 + \cdots + c_{t-1}\alpha_t\boldsymbol{a}_{t-1}$$

であるから差をとると

$$\begin{aligned}\mathbf{0} &= \alpha_t \boldsymbol{a}_t - \alpha_t \boldsymbol{a}_t \\ &= c_1(\alpha_1 - \alpha_t)\boldsymbol{a}_1 + c_2(\alpha_2 - \alpha_t)\boldsymbol{a}_2 + \cdots + c_{t-1}(\alpha_{t-1} - \alpha_t)\boldsymbol{a}_{t-1}.\end{aligned}$$

仮定により $\boldsymbol{a}_1, \boldsymbol{a}_2, \cdots, \boldsymbol{a}_{t-1}$ は一次独立であるから

$$c_1(\alpha_1 - \alpha_t) = c_2(\alpha_2 - \alpha_t) = \cdots = c_{t-1}(\alpha_{t-1} - \alpha_t) = 0.$$

$\alpha_1, \alpha_2, \cdots, \alpha_t$ は互いに異なるから

$$c_1 = c_2 = \cdots = c_{t-1} = 0$$

であり

$$\boldsymbol{a}_t = 0\boldsymbol{a}_1 + 0\boldsymbol{a}_2 + \cdots + 0\boldsymbol{a}_{t-1} = \mathbf{0}$$

となる．これは $\boldsymbol{a}_t \neq \mathbf{0}$ に反する． ▨

対角化　n 次正方行列 A に対して，ある n 次正則行列 P が存在して $P^{-1}AP$ が対角形，つまり

$$P^{-1}AP = \begin{bmatrix} \alpha_1 & 0 & \cdots & 0 \\ 0 & \alpha_2 & \cdots & \cdots \\ \cdots & \cdots & \cdots & 0 \\ 0 & \cdots & 0 & \alpha_n \end{bmatrix}$$

の形となったとき，行列 A は**対角化**されたという．仮に A が上のように対角化されたとするならば，$\alpha_1, \alpha_2, \cdots, \alpha_n$ は A の固有値である（$\alpha_1, \alpha_2, \cdots, \alpha_n$ の中には重複するものがあるかもしれない）．なぜならば，

$$\det(P^{-1}AP) = (\det\ P)^{-1}(\det\ A)(\det\ P) = \det\ A$$

により，$\alpha_1, \alpha_2, \cdots, \alpha_n$ は A の固有方程式

$$\begin{aligned}\det(xE_n - A) &= \det\{P^{-1}(xE_n - A)P\} \\ &= \det(xE_n - P^{-1}AP) \\ &= (x - \alpha_1)(x - \alpha_2)\cdots(x - \alpha_n) = 0\end{aligned}$$

の根だからである．

仮に A の固有ベクトルからなる $\mathbf{C}^n$ の基底 $\langle \boldsymbol{p}_1, \boldsymbol{p}_2, \cdots, \boldsymbol{p}_n \rangle$ が存在したとする．

$$A\boldsymbol{p}_i = \alpha_i \boldsymbol{p}_i \quad (1 \leq i \leq n,\ \text{各 } \alpha_i \text{ は } A \text{ の固有値, 重複を許す}) \tag{5.2}$$

$P = [\boldsymbol{p}_1, \boldsymbol{p}_2, \cdots, \boldsymbol{p}_n]$ （並べたもの）とおくと，$\mathbf{C}^n$ の標準基底

$$\left\langle\ \boldsymbol{e}_1 = \begin{bmatrix} 1 \\ 0 \\ 0 \\ \vdots \\ 0 \end{bmatrix}, \boldsymbol{e}_2 = \begin{bmatrix} 0 \\ 1 \\ 0 \\ \vdots \\ 0 \end{bmatrix}, \cdots, \boldsymbol{e}_n = \begin{bmatrix} 0 \\ 0 \\ \vdots \\ 0 \\ 1 \end{bmatrix}\ \right\rangle$$

に対して，基底の変換

$$\langle \boldsymbol{e}_1, \boldsymbol{e}_2, \cdots, \boldsymbol{e}_n \rangle \to \langle \boldsymbol{p}_1, \boldsymbol{p}_2, \cdots, \boldsymbol{p}_n \rangle$$

の行列は P である．(5.2) 式により，行列 A によって定められる $\mathbf{C}^n$ の線形変換 $f_A : \boldsymbol{x} \longmapsto \boldsymbol{x}$ の基底 $\langle \boldsymbol{p}_1, \boldsymbol{p}_2, \cdots, \boldsymbol{p}_n \rangle$ に関する行列表示は

$$\begin{bmatrix} \alpha_1 & 0 & \cdots & 0 \\ 0 & \alpha_2 & \cdots & \cdots \\ \cdots & \cdots & \cdots & 0 \\ 0 & \cdots & 0 & \alpha_n \end{bmatrix}$$

であるから，4.8 節で述べたことにより

$$P^{-1}AP = \begin{bmatrix} \alpha_1 & 0 & \cdots & 0 \\ 0 & \alpha_2 & \cdots & \cdots \\ \cdots & \cdots & \cdots & 0 \\ 0 & \cdots & 0 & \alpha_n \end{bmatrix}$$

となる．すなわち，この場合は A が対角化されたことになる．

逆に，ある n 次正則行列 P が存在して，

$$P^{-1}AP = \begin{bmatrix} \alpha_1 & 0 & \cdots & 0 \\ 0 & \alpha_2 & \cdots & \cdots \\ \cdots & \cdots & \cdots & 0 \\ 0 & \cdots & 0 & \alpha_n \end{bmatrix} \qquad (= B \text{ とおく})$$

となったとするならば,

$$PBP^{-1} = A,\ \ B\boldsymbol{e}_i = \alpha_i \boldsymbol{e}_i \ \ (1 \leq i \leq n)$$

より

$$PB\boldsymbol{e}_i = PB(P^{-1}P)\boldsymbol{e}_i = AP\boldsymbol{e}_i = P\alpha_i\boldsymbol{e}_i = \alpha_i P\boldsymbol{e}_i$$

である. したがって,

$$P\boldsymbol{e}_i = \boldsymbol{p}_i \ \ (1 \leq i \leq n)$$

とおけば $\langle \boldsymbol{p}_1, \boldsymbol{p}_2, \cdots, \boldsymbol{p}_n \rangle$ は A の固有ベクトルからなる $\mathbf{C}^n$ の基底である. 以上をまとめると次のようになる.

定理 5.3.2 n 次正方行列 A が対角化可能であるための必要十分条件は, A の固有ベクトルよりなる $\mathbf{C}^n$ の基底が存在することである.
そのような基底 $\langle \boldsymbol{p}_1, \boldsymbol{p}_2, \cdots, \boldsymbol{p}_n \rangle$ が存在するとき, $P = [\boldsymbol{p}_1, \boldsymbol{p}_2, \cdots, \boldsymbol{p}_n]$ (並べたもの) とおけば,

$$P^{-1}AP = \begin{bmatrix} \alpha_1 & 0 & \cdots & 0 \\ 0 & \alpha_2 & \cdots & \cdots \\ \cdots & \cdots & \cdots & 0 \\ 0 & \cdots & 0 & \alpha_n \end{bmatrix}$$

($\alpha_1, \alpha_2, \cdots, \alpha_n$ は A の固有値) となる.

例 5 例4において, A の固有値は -1 と 2 であり, 固有値 -1 に対応する固有空間 $U(-1)$ は

$$U(-1) = \{\boldsymbol{x} \in \mathbf{C}^n \mid x_1 = x_3,\ x_2 = 0\}$$

であるので, $x_3 = 1$ とおくことによって $U(-1)$ の基底 $\boldsymbol{p}_1 = \begin{bmatrix} 1 \\ 0 \\ 1 \end{bmatrix}$ を得る (3.4 節参照). また固有値 2 に対応する固有空間は

$$U(2) = \{\boldsymbol{x} \in \mathbf{C}^n \mid x_1 - 4x_2 - 2x_3 = 0\}$$

であるので，$x_2 = 1$, $x_3 = 0$ とおくことにより $\boldsymbol{p}_2 = \begin{bmatrix} 4 \\ 1 \\ 0 \end{bmatrix}$ を，また $x_2 = 0$, $x_3 = 1$ とおくことにより $\boldsymbol{p}_3 = \begin{bmatrix} 2 \\ 0 \\ 1 \end{bmatrix}$ を得る．$\langle \boldsymbol{p}_2, \boldsymbol{p}_3 \rangle$ が $U(2)$ の基底である．

$$P = [\boldsymbol{p}_1, \boldsymbol{p}_2, \boldsymbol{p}_3] = \begin{bmatrix} 1 & 4 & 2 \\ 0 & 1 & 0 \\ 1 & 0 & 1 \end{bmatrix}$$

とおくと，

$$P^{-1}AP = \begin{bmatrix} -1 & 0 & 0 \\ 0 & 2 & 0 \\ 0 & 0 & 2 \end{bmatrix}$$

となる．▨

多項式

$$f(x) = c_0x^p + c_1x^{p-1} + \cdots + c_p$$

に対して，変数 x を n 次正方行列で置き換えた行列（最後の c_p は c_pE_n とする）

$$f(A) = c_0A^p + c_1A^{p-1} + \cdots + c_pE_n$$

を $f(A)$ と表わす．

行列を係数とする多項式

$$f(x) = A_0x^p + A_1x^{p-1} + \cdots + A_p$$

（各 A_i, $1 \leq i \leq p$ は n 次正方行列）を考えることができる．この $f(x)$ と

$$g(x) = B_0x^q + B_1x^{q-1} + \cdots + B_q$$

(各 B_j, $1 \leq j \leq q$ は n 次正方行列）の係数の行列どうしが可換，つまり

$$A_iB_j = B_jA_i \quad (0 \leq i \leq p,\ 0 \leq j \leq q)$$

ならば，通常の多項式の場合と同様に積

$$f(x)g(x) = (A_0B_0)x^{p+q} + (A_0B_1 + A_1B_0)x^{p+q-1} + \cdots + (A_pB_q)$$

を定めることができる．このような多項式において，変数 x に行列を代入することは無条件にはできないが，

$$\begin{aligned}
f(x) &= A_0x^p + A_1x^{p-1} + \cdots + A_p,\\
g(x) &= B_0x^q + B_1x^{q-1} + \cdots + B_q,\\
h(x) &= f(x)g(x) = C_0x^{p+q} + C_1x^{p+q-1} + \cdots + C_{p+q}\\
&\qquad\qquad (A_iB_j = B_jA_i,\ 0 \leq i \leq p,\ 0 \leq j \leq q,\\
&\qquad\qquad\quad C_k = \sum_{i+j=k} A_iB_j,\ 0 \leq k \leq p+q)
\end{aligned}$$

において，ある n 次正方行列 M が各係数行列 $A_0, A_1, \cdots, A_p$, $B_0, B_1, \cdots, B_q$ と交換可能，つまり

$$A_iM = MA_i,\ B_jM = MB_j \quad (0 \leq i \leq p,\ 0 \leq j \leq q)$$

ならば（この場合必然的に各 C_k と M も交換可能である），通常の多項式の場合と同様に，変数 x に行列 M を代入することができて，

$$f(M)g(M) = h(M)$$

となる．

定理 5.3.3 **(ハミルトン-ケーリー (Hamilton-Cayley) の定理)** A は n 次正方行列，$\Phi_A(x)$ を A の固有多項式とすると

$$\Phi_A(A) = \mathbf{0}\ （零行列）$$

である．

証明 x を変数とし，行列 $xE_n - A$ の (i,j) 余因子を d_{ij} とすると，d_{ij} が x の多項式として $(n-1)$ 次以下であることは容易にわかる．そこで

$$d_{ij} = f_{ij,0}x^{n-1} + f_{ij,1}x^{n-2} + \cdots + f_{ij,n-1} \quad (1 \leq i,\ j \leq n)$$

とし，各 k $(1 \leq k \leq n)$ について，$f_{ji,k}$ を $(i,\ j)$ 成分とする行列を F_k とすると行列

$$D = x^{n-1}F_0 + x^{n-2}F_1 + \cdots + F_{n-1}$$

の $(i,\ j)$ 成分は

$$x^{n-1}f_{ji,0} + x^{n-2}f_{ji,1} + \cdots + f_{ji,n-1} = d_{ji}$$

となる．したがって D は $xE_n - A$ の余因子行列 $[d_{ji}]$ であり，

$$(xE_n - A)D = D(xE_n - A) = (\det(xE_n - A))(xE_n - A)$$

である．これより

$$\begin{aligned}&(xE_n - A)(x^{n-1}F_0 + x^{n-2}F_1 + x^{n-3}F_2 + \cdots + F_{n-1})\\ &\quad = (x^{n-1}F_0 + x^{n-2}F_1 + x^{n-3}F_2 + \cdots + F_{n-1})(xE_n - A).\end{aligned}$$

この両辺の x^{n-1} の係数行列を比較すると

$$E_nF_1 - AF_0 = -F_0A + F_1E_n,$$

これより $AF_0 = F_0A$ となる．同様に x^{n-2}, x^{n-3}, $\cdots$, 並びに定数項の係数行列の比較より

$$AF_1 = F_1A,\ AF_2 = F_2A,\ \cdots,\ AF_{n-1} = F_{n-1}A$$

となり，行列 A は行列 F_0, F_1, $\cdots$, F_{n-1} のいずれとも交換可能である．したがって，F_0, F_1, $\cdots$, F_{n-1} を係数とする多項式に行列 A を代入することが許される．

$$\Phi_A(x) = \det(xE_n - A)$$

より

$$\begin{aligned}\Phi_A(x)E_n &= (\det(xE_n - A))E_n\\ &= (xE_n - A)(x^{n-1}F_0 + x^{n-2}F_1 + x^{n-3}F_2 + \cdots + F_{n-1}).\end{aligned}$$

この x に A を代入すると

$$\begin{aligned}\Phi_A(A)E_n &= (A - A)(A^{n-1}F_0 + A^{n-2}F_1 + A^{n-3}F_2 + \cdots + F_{n-1})\\ &= \mathbf{0}.\end{aligned}$$

▨

この定理を A^{-1} や A^n の計算に応用することができる．

例 6　$A = \begin{bmatrix} -5 & 16 & 8 \\ -5 & 14 & 5 \\ 6 & -14 & -3 \end{bmatrix}$ について A^{-1} と A^5 を求める．

$$\Phi_A(x) = x^3 - 6x^2 + 5x + 12,$$

$\Phi_A(A) = \mathbf{0}$ より $A^3 - 6A^2 + 5A + 12E_3 = \mathbf{0}$.

$$E_3 = \frac{1}{12}(-A^3 + 6A^2 - 5A) = A\left\{\frac{1}{12}(-A^2 + 6A - 5E_3)\right\}$$

より

$$\begin{aligned} A^{-1} &= \frac{1}{12}(-A^2 + 6A - 5E_3) \\ &= \begin{bmatrix} -\frac{28}{12} & \frac{64}{12} & \frac{32}{12} \\ -\frac{15}{12} & \frac{33}{12} & \frac{15}{12} \\ \frac{14}{12} & -\frac{26}{12} & -\frac{10}{12} \end{bmatrix}. \end{aligned}$$

また Euclid の除法により（A.1 節参照）

$$x^5 = \Phi_A(x)(x^2 + 6x + 31) + 144x^2 - 227x - 372,$$

よって

$$A^5 = 144A^2 - 227A - 372E_3 = \begin{bmatrix} -245 & 976 & 488 \\ -1025 & 3074 & 1025 \\ 1806 & -5174 & -1563 \end{bmatrix}.$$ ▨

❏ **問題 5.3.2** 行列 $A = \begin{bmatrix} 8 & -20 & -10 \\ 5 & -12 & -5 \\ -5 & 10 & 3 \end{bmatrix}$ について，例6を参考にして A^{-1} と A^6 を計算しなさい．

5.4 エルミート変換と正規変換

V は複素計量線形空間とし，$\langle \boldsymbol{e}_1, \boldsymbol{e}_2, \cdots, \boldsymbol{e}_n \rangle$ $(n = \dim V)$ を V の正規直交基底とする．

f は V の線形変換とし，f の基底 $\langle \boldsymbol{e}_1, \boldsymbol{e}_2, \cdots, \boldsymbol{e}_n \rangle$ に関する f の行列表示を $A_f = [a_{ij}]$ とする．すなわち，

$$f(\boldsymbol{e}_j) = \sum_{i=1}^{n} a_{ij}\boldsymbol{e}_i. \tag{5.3}$$

A_f の随伴行列を $B = [b_{ij}]$ とすると，$b_{ij} = \overline{a_{ji}}$. 行列 B に対応する V の線形変換を f^* とする．f^* は

$$f^*(\boldsymbol{e}_j) = \sum_{i=1}^{n} \overline{a_{ji}}\boldsymbol{e}_i$$

で与えられる線形変換である．

このとき V の任意のベクトル $\boldsymbol{x}, \boldsymbol{y}$ について

$$(f(\boldsymbol{x}), \boldsymbol{y}) = (\boldsymbol{x},\ f^*(\boldsymbol{y})) \tag{5.4}$$

となる．実際，基底の２つの元 $\boldsymbol{e}_k, \boldsymbol{e}_l$ に対して，

$$(f(\boldsymbol{e}_k), \boldsymbol{e}_l) = \left(\sum_{i=1}^{n} a_{ik}\boldsymbol{e}_i, \boldsymbol{e}_l\right) = \sum_{i=1}^{n} a_{ik}(\boldsymbol{e}_i, \boldsymbol{e}_l) = a_{l,k}.$$

同様に，$(\boldsymbol{e}_k,\ f^*(\boldsymbol{e}_l)) = a_{l,k}$ であるから

$$(f(\boldsymbol{e}_k), \boldsymbol{e}_l) = (\boldsymbol{e}_k,\ f^*(\boldsymbol{e}_l)).$$

V のベクトルは $\boldsymbol{e}_1, \boldsymbol{e}_2, \cdots, \boldsymbol{e}_n$ の一次結合として表わされるから，内積の性質（5.1 節）により，V の 任意のベクトル $\boldsymbol{x}, \boldsymbol{y}$ について $(f(\boldsymbol{x}), \boldsymbol{y}) = (\boldsymbol{x},\ f^*(\boldsymbol{y}))$ となる．線形変換 f に対して，(5.4) 式の性質をもつ V の線形変換 f^* を f の**随伴変換**という．

逆に，f に対して，常に $(f(\boldsymbol{x}), \boldsymbol{y}) = (\boldsymbol{x},\ g(\boldsymbol{y}))$ となる V の線形変換 g は，上のように A_f の随伴行列で与えられる線形変換 f^* 以外にない．実際，ある V の線形変換 g があって常に

$$(f(\boldsymbol{x}), \boldsymbol{y}) = (\boldsymbol{x},\ g(\boldsymbol{y}))$$

となるものとする．g の行列表示を

$$D = [d_{ij}]$$

とし，

$$g(\boldsymbol{e}_j) = \sum_{i=1}^{n} d_{ij} \boldsymbol{e}_i$$

とする．基底の元 $\boldsymbol{e}_i, \boldsymbol{e}_l$ について

$$(f(\boldsymbol{e}_k), \boldsymbol{e}_l) = (\boldsymbol{e}_k,\ g(\boldsymbol{e}_l))$$

である．上と同様の計算により，左辺は $a_{l,k}$，右辺は $\overline{d_{k,l}}$ となるから，$a_{l,k} = \overline{d_{k,l}}$．これより $A = {}^t\bar{B}$ となるので（対応する行列が一致するから），$g = f^*$ である．

計量線形空間における変換 f は，$f^* = f$ をみたすとき**エルミート変換**と呼ばれ，$f^* = f^{-1}$ をみたすとき**ユニタリ変換**と呼ばれる．また $f \circ f^* = f^* \circ f$ をみたすとき**正規変換**と呼ばれる．

定理 5.4.1
(I)　エルミート変換の固有値は実数である．
(II)　ユニタリ変換の固有値は絶対値が 1 の複素数である．

証明　(I)　f はエルミート変換，$f(\boldsymbol{x}) = \alpha\boldsymbol{x}, \boldsymbol{x} \neq \boldsymbol{0}$ とすると，

$$\begin{aligned}\bar{\alpha}(\boldsymbol{x}, \boldsymbol{x}) &= (\boldsymbol{x}, \alpha\boldsymbol{x}) = (\boldsymbol{x},\ f(\boldsymbol{x})) = (\boldsymbol{x},\ f^*(\boldsymbol{x})) \\ &= (f(\boldsymbol{x}), \boldsymbol{x}) = (\alpha\boldsymbol{x}, \boldsymbol{x}) = \alpha(\boldsymbol{x}, \boldsymbol{x}).\end{aligned}$$

$(\boldsymbol{x}, \boldsymbol{x}) \neq 0$ より $\bar{\alpha} = \alpha$，したがって α は実数である．

(II)　f はユニタリ変換とする．$f(\boldsymbol{x}) = \alpha\boldsymbol{x}$，$\boldsymbol{x} \neq \boldsymbol{0}$ とすると，上と同様に

$$\begin{aligned}\alpha(\boldsymbol{x}, \boldsymbol{x}) &= (f(\boldsymbol{x}), \boldsymbol{x}) = (\boldsymbol{x},\ f^*(\boldsymbol{x})) = (\boldsymbol{x},\ f^{-1}(\boldsymbol{x})) \\ &= \left(\boldsymbol{x}, \frac{1}{\alpha}\boldsymbol{x}\right) = \frac{1}{\bar{\alpha}}(\boldsymbol{x}, \boldsymbol{x}).\end{aligned}$$

これより $\alpha\bar{\alpha} = 1$．

V は複素計量線形空間とし，$\langle \boldsymbol{e}_1, \boldsymbol{e}_2, \cdots, \boldsymbol{e}_n \rangle$ は V の正規直交基底とする．f は V の線形変換とし，f の基底 $\langle \boldsymbol{e}_1, \boldsymbol{e}_2, \cdots, \boldsymbol{e}_n \rangle$ に関する行列表示を A_f とすれば，f^* の行列表示は A_f^* である．4.8 節に述べたことから $f \circ f^*$ の行列表示は $A_f A_f^*$ であり，$f^* \circ f$ の行列表示は $A_f^* A_f$ であるから，もし f が正規変換ならば $A_f A_f^* = A_f^* A_f$，つまり A_f は正規行列である．逆に，正規行列に対応する線形変換は正規変換である．

補題 5.4.2　V は複素線形空間とする．f，g が V の線形変換で，$f \circ g = g \circ f$ をみたすものとすれば，f の固有ベクトルであり同時に g の固有ベクトルであるものが存在する．

証明　α が f の固有値の 1 つであるとする．α に対する f の固有空間を

$$H = \{\boldsymbol{x} \in V \mid f(\boldsymbol{x}) = \alpha \boldsymbol{x}\}$$

とすると，H のベクトル $\boldsymbol{x}$ については $g(\boldsymbol{x})$ もまた H に属するから，g は H 上の線形変換とみることができる．この H 上の線形変換 g の固有ベクトルの 1 つを $\boldsymbol{y}$ とすれば，$\boldsymbol{y}$ は f と g の共通の固有ベクトルである．▨

上のように，f が線形空間 V の線形変換，U が V の部分空間で $f(U) \subseteq U$ となるものであれば，f を U に制限したものは U の線形変換となる．

定理 5.4.3　V は次元 n の計量線形空間とする．f, g は V の線形変換で $f \circ g = g \circ f$ をみたすものとする．ならば，V の正規直交基底 $\langle \boldsymbol{u}_1, \boldsymbol{u}_2, \cdots, \boldsymbol{u}_n \rangle$ で，各 j $(1 \leq j \leq n)$ について，$f(\boldsymbol{u}_j)$, $g(\boldsymbol{u}_j)$ が $\boldsymbol{u}_1, \boldsymbol{u}_2, \cdots, \boldsymbol{u}_j$ の一次結合として表わされるものが存在する．

証明　V の次元 n についての帰納法による．$n = 1$ の場合は自明．$n-1$ まで正しいと仮定する．f の随伴変換を f^*，g の随伴変換を g^* とすると，$f^* \circ g^* = g^* \circ f^*$ であるので，補題 5.4.2 により，f^* と g^* の共通な固有ベクトル $\boldsymbol{u}$ がある．$\boldsymbol{u}$ の直交補空間を $U = \{\boldsymbol{x} \in V \mid (\boldsymbol{x}, \boldsymbol{u}) = 0\}$ とする．$f(U) \subseteq U$ である．なぜならば，$\boldsymbol{x} \in U$ とすると，

$$(f(\boldsymbol{x}), \boldsymbol{u}) = (\boldsymbol{x},\ f^*(\boldsymbol{u})) = (\boldsymbol{x}, \alpha \boldsymbol{u}) = \bar{\alpha}(\boldsymbol{x}, \boldsymbol{u}) = 0$$

ゆえ，$f(\boldsymbol{x}) \in U$ となるからである．同様に $g(U) \subseteq U$ である．そこで f, g を U 上の線形変換と考えたものをそれぞれ f', g' とすると $f' \circ g' = g' \circ f'$ である．定理 5.2.2 により $V = K\boldsymbol{u} \oplus U$，$\dim U = n-1$ であるから，帰納法の仮定により，ある U の基底 $\langle \boldsymbol{u}_1, \boldsymbol{u}_2, \cdots, \boldsymbol{u}_{n-1} \rangle$ が存在して，各 j $(1 \leq j \leq n-1)$ について，$\boldsymbol{u}_1, \boldsymbol{u}_2, \cdots, \boldsymbol{u}_j$ で張られる V の部分空間を U_j とすると $f(U_j) \subseteq U_j$, $g(U_j) \subseteq U_j$ となる．$\boldsymbol{u}_n = ||\boldsymbol{u}||^{-1} \boldsymbol{u}$ とおけば，$\boldsymbol{u}_1, \boldsymbol{u}_2, \cdots, \boldsymbol{u}_n$ は V の正規直交基底で，定理の条件をみたす．▨

２つの n 次正方行列 A, B があって $AB = BA$ が成り立つと仮定する．A によって定められる線形写像

$$L_A : \boldsymbol{x} \longmapsto A\boldsymbol{x}$$

は複素線形空間 $\mathbf{C}^n$ の線形変換である．L_B についても同様である．$L_A \circ L_B = L_B \circ L_A$ であるから，定理 5.4.3 によって，V の正規直交基底 $\langle \boldsymbol{u}_1, \boldsymbol{u}_2, \cdots, \boldsymbol{u}_n \rangle$ で，各 j $(1 \leq j \leq n)$ について，$\boldsymbol{u}_1, \boldsymbol{u}_2, \cdots, \boldsymbol{u}_j$ で張られる V の部分空間 U_j が $L_A(U_j) \subseteq U_j$, $L_B(U_j) \subseteq U_j$ をみたすものが存在する．

$$U = [\boldsymbol{u}_1, \boldsymbol{u}_2, \cdots, \boldsymbol{u}_n] \text{（並べたもの）}$$

とおくと，4.8 節で述べたことから，線形変換 L_A の，正規直交基底 $\langle \boldsymbol{u}_1, \boldsymbol{u}_2, \cdots, \boldsymbol{u}_n \rangle$ に関する行列表示は $P = U^{-1}AU$ である．ところが，

$$\begin{aligned}
L_A(\boldsymbol{u}_1) &= p_{11}\boldsymbol{u}_1, \\
L_A(\boldsymbol{u}_2) &= p_{12}\boldsymbol{u}_1 + p_{22}\boldsymbol{u}_2, \\
&\cdots\cdots\cdots\cdots\cdots, \\
L_A(\boldsymbol{u}_n) &= p_{1n}\boldsymbol{u}_1 + p_{2n}\boldsymbol{u}_2 + \cdots + p_{nn}\boldsymbol{u}_n
\end{aligned}$$

と表わされるから，

$$P = \begin{bmatrix} p_{11} & p_{12} & \cdots & p_{1n} \\ 0 & p_{22} & \cdots & p_{2n} \\ \cdots & \cdots & \cdots & \cdots \\ 0 & \cdots & 0 & p_{nn} \end{bmatrix}$$

は上三角行列である．$U^{-1}BU$ についても同様．

定理 5.4.4　V は複素計量線形空間とし，f は V の線形変換とする．もしも f が正規変換であれば，V のある正規直交基底 $\langle \boldsymbol{u}_1, \boldsymbol{u}_2, \cdots, \boldsymbol{u}_n \rangle$ で，この基底に関する f の行列表示が対角形行列となるものが存在する．逆に，V のある正規直交基底に関する f の行列表示が対角形行列であるならば，f は正規変換である．

証明 f が正規変換であるとする．定理 5.4.3 により，V のある正規直交基底 $\langle \boldsymbol{u}_1, \boldsymbol{u}_2, \cdots, \boldsymbol{u}_n \rangle$ が存在して，この基底に関する f の行列表示 A と f^* の行列表示 A^* はともに上三角行列となる．ところが，$A^* = {}^t\bar{A}$ が上三角であれば A は下三角であるから，結局 A は対角形行列である．

逆に，V のある正規直交基底に関する f の行列表示 A が対角形

$$\begin{bmatrix} p_{11} & 0 & \cdots & 0 \\ 0 & p_{22} & \cdots & \cdots \\ \cdots & \cdots & \cdots & 0 \\ 0 & \cdots & 0 & p_{nn} \end{bmatrix}$$

であるならば A^* も対角形であるから，

$$AA^* = A^*A,$$

したがって $f \circ f^* = f^* \circ f$ となる． ▨

A が n 次正方行列で正規行列であるとする．ならば

$$L_A : \boldsymbol{x} \longmapsto A\boldsymbol{x}$$

は $\mathbf{C}^n$ の正規線形変換であるから，定理 5.4.4 により $\mathbf{C}^n$ のある正規直交基底 $\langle \boldsymbol{u}_1, \boldsymbol{u}_2, \cdots, \boldsymbol{u}_n \rangle$ が存在して，この基底に関する L_A の行列表示は対角形

$$B = \begin{bmatrix} \alpha_1 & 0 & \cdots & 0 \\ 0 & \alpha_2 & \cdots & \cdots \\ \cdots & \cdots & \cdots & 0 \\ 0 & \cdots & 0 & \alpha_n \end{bmatrix}$$

である．

$$U = [\boldsymbol{u}_1, \boldsymbol{u}_2, \cdots, \boldsymbol{u}_n] \text{（並べたもの）}$$

とおけば，4.8 節で述べたことから，$U^*AU = B$ である．

例 7 行列 $A = \begin{bmatrix} 1 & -19 & -4 \\ -19 & 1 & 4 \\ -4 & 4 & 34 \end{bmatrix}$ は正規行列である．したがって適

当なユニタリ行列 $U = [\boldsymbol{u}_1, \boldsymbol{u}_2, \cdots, \boldsymbol{u}_n]$ （$\langle \boldsymbol{u}_1, \boldsymbol{u}_2, \cdots, \boldsymbol{u}_n \rangle$ は $\mathbf{C}^n$ の正規直交基底）をとることによって U^*AU が対角形になるようにできる．定理 5.4.3 の証明によると，この $\boldsymbol{u}_1, \boldsymbol{u}_2, \cdots, \boldsymbol{u}_n$ は A の固有ベクトルよりなる基底を直交化することによって得られる．

$$\Phi_A(x) = \begin{vmatrix} x-1 & 19 & 4 \\ 19 & x-1 & -4 \\ 4 & -4 & x-34 \end{vmatrix} = (x+18)(x-36)(x-18),$$

固有値 -18 に対応する固有空間は

$$A\boldsymbol{x} = -18\boldsymbol{x}$$

より

$$\begin{bmatrix} 19 & -19 & -4 \\ -19 & 19 & 4 \\ -4 & 4 & 52 \end{bmatrix} \boldsymbol{x} = \boldsymbol{0}.$$

この係数行列を変形して（3.3 節参照）

$$x_1 - x_2 = 0, \quad x_3 = 0$$

となる．これより基底 $\boldsymbol{a}_1 = \begin{bmatrix} 1 \\ 1 \\ 0 \end{bmatrix}$ を得る．同様に，固有値 36, 18 に対応する固有空間から基底 $\boldsymbol{a}_2 = \begin{bmatrix} 0 \\ 1 \\ 2 \end{bmatrix}$，$\boldsymbol{a}_3 = \begin{bmatrix} 1 \\ -1 \\ 1 \end{bmatrix}$ を得る．これに Schmidt の直交化法を施して，正規直交基底

$$\boldsymbol{u}_1 = \begin{bmatrix} \frac{1}{\sqrt{2}} \\ \frac{1}{\sqrt{2}} \\ 0 \end{bmatrix}, \quad \boldsymbol{u}_2 = \begin{bmatrix} -\frac{\sqrt{2}}{6} \\ \frac{\sqrt{2}}{6} \\ \frac{2\sqrt{2}}{3} \end{bmatrix}, \quad \boldsymbol{u}_3 = \begin{bmatrix} \frac{2}{3} \\ -\frac{2}{3} \\ \frac{1}{3} \end{bmatrix}$$

を得る．これを並べてユニタリ行列（この場合直交行列）

$$U = \begin{bmatrix} \frac{1}{\sqrt{2}} & -\frac{\sqrt{2}}{6} & \frac{2}{3} \\ \frac{1}{\sqrt{2}} & \frac{\sqrt{2}}{6} & -\frac{2}{3} \\ 0 & \frac{2\sqrt{2}}{3} & \frac{1}{3} \end{bmatrix}$$

が得られ,

$$U^*AU = {}^tUAU = \begin{bmatrix} -18 & 0 & 0 \\ 0 & 36 & 0 \\ 0 & 0 & 18 \end{bmatrix}$$

となる. ▨

❏ **問題 5.4.1** 適当なユニタリ行列 U によって $A = \begin{bmatrix} -\frac{1}{2} & -\frac{3}{2} \\ -\frac{3}{2} & -\frac{1}{2} \end{bmatrix}$ を対角化しなさい.

5.5 二次形式

n 次実正方行列 A が ${}^tA = A$ をみたすとき, A を**実対称行列**という. A が実対称行列ならば, A による線形変換 L_A はエルミート変換であるから, 定理 5.4.1 により A の固有値はすべて実数である. したがって定理 5.4.4 とその証明を実線形空間 $\mathbf{R}^n$ の実線形変換 L_A について適用すれば, A が実対称行列であるとき, $\mathbf{R}^n$ の正規直交基底 $\langle \boldsymbol{u}_1, \boldsymbol{u}_2, \cdots, \boldsymbol{u}_n \rangle$ で, $U = [\boldsymbol{u}_1, \boldsymbol{u}_2, \cdots, \boldsymbol{u}_n]$ に対して

$$U^{-1}AU = \begin{bmatrix} \alpha_1 & 0 & \cdots & 0 \\ 0 & \alpha_2 & \cdots & \cdots \\ \cdots & \cdots & \cdots & 0 \\ 0 & \cdots & 0 & \alpha_n \end{bmatrix}$$

($\alpha_1, \alpha_2, \cdots, \alpha_n$ は A の固有値)

となるものが存在することがわかる ($\langle \boldsymbol{u}_1, \boldsymbol{u}_2, \cdots, \boldsymbol{u}_n \rangle$ の具体的な構成法は 5.4 節の例 7 を参照).

以下，変数 $x_1, x_2, \cdots, x_n$ に関する斉２次式の性質を問題にする．

$$Q(x_1, x_2, \cdots, x_n) = \sum_{i,\ j=1}^{n} b_{ij} x_i x_j \tag{5.5}$$

$$= b_{11}x_1^2 + b_{12}x_1x_2 + b_{21}x_2x_1 + \cdots + b_{nn}x_n^2 \quad (b_{ij}\text{は実数})$$

の形の式を変数 $x_1, x_2, \cdots, x_n$ についての**二次形式**という．

$$x_i x_j = x_j x_i$$

であるので，このままでは (5.5) 式の係数 b_{ij} は一意的に決まらない．そこで

$$b_{ij} = b_{ji} \quad (1 \leq i,\ j \leq n) \tag{5.6}$$

という約束をすると (5.5) 式の係数 b_{ij} は一意的に決まる．以下，二次形式を考えるときには (5.6) 式が成り立っているものとする．

n 次正方行列 $B = [b_{ij}]$ を二次形式 (5.5) 式の**係数行列**という．(5.6) 式により B は実対称行列である．

$\boldsymbol{x} = \begin{bmatrix} x_1 \\ x_2 \\ \vdots \\ x_n \end{bmatrix}$ とおくと，(5.5) 式は

$$Q(x_1, x_2, \cdots, x_n) = {}^t\boldsymbol{x}B\boldsymbol{x} \tag{5.7}$$

と表わされる．

U を n 次正則行列として，変数 $\boldsymbol{x} = \begin{bmatrix} x_1 \\ x_2 \\ \vdots \\ x_n \end{bmatrix}$ を変換 $\boldsymbol{x} = U\boldsymbol{y}$ によって変数

$\boldsymbol{y} = \begin{bmatrix} y_1 \\ y_2 \\ \vdots \\ y_n \end{bmatrix}$ に変換すると，

$$Q(x_1, x_2, \cdots, x_n) = {}^t(U\boldsymbol{y})B(U\boldsymbol{y}) = {}^t\boldsymbol{y}({}^tUBU)\boldsymbol{y}$$

となる．前に述べたことから直交行列 U で

$$U^{-1}BU = \begin{bmatrix} \alpha_1 & 0 & \cdots & 0 \\ 0 & \alpha_2 & \cdots & \cdots \\ \cdots & \cdots & \cdots & 0 \\ 0 & \cdots & 0 & \alpha_n \end{bmatrix}$$

($\alpha_1, \alpha_2, \cdots, \alpha_n$ は B の固有値)

となるものをとることができる．このとき与えられた二次形式 $Q(x_1, x_2, \cdots, x_n)$ は変数 $y_1, y_2, \cdots, y_n$ については

$$Q = \alpha_1 y_1^2 + \alpha_2 y_2^2 + \cdots + \alpha_n y_n^2$$

の形に書かれる．

定理 5.4.1 により固有値 $\alpha_1, \alpha_2, \cdots, \alpha_n$ はすべて実数である．固有値は

$$\alpha_1, \alpha_2, \cdots, \alpha_s > 0,$$
$$\alpha_{s+1}, \alpha_{s+2}, \cdots, \alpha_{s+t} < 0,$$
$$\alpha_{s+t+1} = \alpha_{s+t+2} = \cdots = \alpha_n = 0$$

という順序に並べられているものとしてよい．さらに変数変換

$$z_i = \sqrt{\alpha_i}\, y_i \quad (1 \leq i \leq s),$$
$$z_i = \sqrt{-\alpha_i}\, y_i \quad (s+1 \leq i \leq s+t)$$

によって，

$$Q = z_1^2 + z_2^2 + \cdots + z_s^2 - z_{s+1}^2 - z_{s+2}^2 - \cdots - z_{s+t}^2 \qquad (5.8)$$

とすることができる．(5.8) 式を２次形式 (5.5) 式の**標準形**という．

次の定理により，与えられた二次形式 Q に対して標準形は一意的に決まることがわかる．

定理 5.5.1 **(シルヴェスター (Sylvester) の慣性法則)** U は n 次正則行列で,

$$\begin{bmatrix} x_1 \\ x_2 \\ \vdots \\ x_n \end{bmatrix} = U \begin{bmatrix} y_1 \\ y_2 \\ \vdots \\ y_n \end{bmatrix},$$

$$\begin{aligned} & x_1^2 + x_2^2 + \cdots + x_s^2 - x_{s+1}^2 - x_{s+2}^2 - \cdots - x_{s+t}^2 \\ &= y_1^2 + y_2^2 + \cdots + y_p^2 - y_{p+1}^2 - y_{p+2}^2 - \cdots - y_{p+q}^2 \end{aligned}$$

ならば $s = p$, $t = q$ である.

証明 仮に $s > p$ とする. 変数 $x_1, x_2, \cdots, x_n$ の斉次連立一次方程式

$$\begin{cases} x_{s+1} = x_{s+2} = \cdots = x_n = 0, \\ y_1 = y_2 = \cdots = y_p = 0 \end{cases}$$

は, 変数の数 n に対して式の個数が $n - s + p < n$ であるから, 3.4 節定理 3.4.2 により, 非自明解

$$x_1 = a_1,\ x_2 = a_2,\ \cdots,\ x_s = a_s,$$
$$x_{s+1} = x_{s+2} = \cdots = x_n = 0$$

をもつ ($a_1, a_2, \cdots, a_s$ のうち少なくとも 1 つは 0 でない).

$$U^{-1} \begin{bmatrix} a_1 \\ a_2 \\ \vdots \\ a_s \\ 0 \\ \vdots \\ 0 \end{bmatrix} = \begin{bmatrix} b_1 \\ b_2 \\ \vdots \\ b_p \\ b_{p+1} \\ \vdots \\ b_n \end{bmatrix}$$

とすると, 上の解のとり方から

$$b_1 = b_2 = \cdots = b_p = 0,$$
$$a_1^2 + a_2^2 + \cdots + a_s^2 = -(b_{p+1}^2 + b_{p+2}^2 + \cdots + b_{p+q}^2)$$

となる. 実数の平方和であるので左辺は ≥ 0, 右辺は ≤ 0 であるから両辺とも 0 となり, これは $a_1, a_2, \cdots, a_s$ のうち少なくとも 1 つは 0 でないことに矛盾する. よって $s \leq p$. 同様に $p \leq s$ であるから $s = p$. 同様に $t = q$ である. ▨

例 8 変数変換によって式

$$Q = x^2 + 2\sqrt{2}xy + 2y^2 - 6x - 6\sqrt{2}y + 9$$

を標準形にする.

まず 1 次の項を消すために, $x = t + a$, $y = u + b$ とおく.

$$\begin{aligned} Q &= (t+a)^2 + 2\sqrt{2}(t+a)(u+b) + 2(u+b)^2 - 6(t+a) - 6\sqrt{2}(u+b) + 9 \\ &= (t^2 + 2\sqrt{2}tu + 2u^2) + \{(2a + 2\sqrt{2}b - 6)t + (2\sqrt{2}a + 4b - 6\sqrt{2})u\} \\ &\quad + \{a^2 + \sqrt{2}ab + 2b^2 - 6a - 6\sqrt{2}b + 9\} \end{aligned}$$

だから,

$$2a + 2\sqrt{2}b - 6 = 0, \quad 2\sqrt{2}a + 4b - 6\sqrt{2} = 0$$

とすればよい. これから a, b は一意的に定まらないが, 例えば $a = 3, b = 0$ とすれば

$$Q = t^2 + 2\sqrt{2}tu + 2u^2$$

となる. これを変数 t, u についての二次形式とみて, 係数行列は

$$A = \begin{bmatrix} 1 & \sqrt{2} \\ \sqrt{2} & 2 \end{bmatrix}.$$

固有方程式

$$\begin{vmatrix} x-1 & -\sqrt{2} \\ -\sqrt{2} & x-2 \end{vmatrix} = x(x-3) = 0$$

より, A の固有値は 0 と 3 である. 固有値 0 に対する固有空間は

$$\begin{bmatrix} 1 & \sqrt{2} \\ \sqrt{2} & 2 \end{bmatrix} \begin{bmatrix} x \\ y \end{bmatrix} = \begin{bmatrix} 0 \\ 0 \end{bmatrix}$$

より $x + \sqrt{2}y = 0$, これより固有ベクトル $\boldsymbol{p}_1 = \begin{bmatrix} -\sqrt{2} \\ 1 \end{bmatrix}$ を得る. Schmidt の直交化法により, $\boldsymbol{u}_1 = \|\boldsymbol{p}_1\|^{-1}\boldsymbol{p}_1 = \begin{bmatrix} -\frac{\sqrt{2}}{\sqrt{3}} \\ \frac{1}{\sqrt{3}} \end{bmatrix}$ となる. 同様に固有値 3 よ

り $\boldsymbol{p}_2 = \begin{bmatrix} 1 \\ \sqrt{2} \end{bmatrix}$，$\boldsymbol{u}_2' = \boldsymbol{p}_2 - (\boldsymbol{p}_2, \boldsymbol{u}_1)\boldsymbol{u}_1 = \begin{bmatrix} 1 \\ \sqrt{2} \end{bmatrix}$，$\boldsymbol{u}_2 = \|\boldsymbol{u}_2'\|^{-1}\boldsymbol{u}_2' = \begin{bmatrix} \frac{1}{\sqrt{3}} \\ \frac{\sqrt{2}}{\sqrt{3}} \end{bmatrix}$ となる．

$$U = [\boldsymbol{u}_1, \boldsymbol{u}_2] = \begin{bmatrix} -\frac{\sqrt{2}}{\sqrt{3}} & \frac{1}{\sqrt{3}} \\ \frac{1}{\sqrt{3}} & \frac{\sqrt{2}}{\sqrt{3}} \end{bmatrix},$$

$${}^tUAU = \begin{bmatrix} 0 & 0 \\ 0 & 3 \end{bmatrix}.$$

よって与えられた式は変数変換

$$\begin{bmatrix} x-3 \\ y \end{bmatrix} = U \begin{bmatrix} w_1 \\ w_2 \end{bmatrix}$$

により $Q = 3w_2^2$ となる．さらに変数変換 $\sqrt{3}w_2 = w$ を行えば，$Q = w^2$ である． ▨

❑ **問題 5.5.1**　適当な変数変換

$$\begin{bmatrix} x+a \\ y+b \end{bmatrix} = U \begin{bmatrix} w_1 \\ w_2 \end{bmatrix} \quad (U \text{ は 2 次の直交行列})$$

により次の式を標準形にしなさい．

$$Q = x^2 + xy + y^2 + 3x + 3y + 3$$

❑ **問題 5.5.2**　適当な変数変換

$$\begin{bmatrix} x \\ y \\ z \end{bmatrix} = U \begin{bmatrix} w_1 \\ w_2 \\ w_3 \end{bmatrix} \quad (U \text{ は 3 次の直交行列})$$

により次の式を標準形にしなさい．

$$Q = x^2 + y^2 + 3z^2 + 16xy - 12xz + 8yz$$

章　末　問　題

1. ${}^tA = -A$ をみたす実正方行列を**交代行列**という.

(1) 任意の実正方行列 A は一意的に

$$A = B + C \text{（B は対称行列, C は交代行列）}$$

と表わされることを証明しなさい.

(2) 交代行列の固有値は 0 または純虚数（実部が 0 の複素数）であることを証明しなさい.

2. $A = [a_{ij}]$ を n 次実対称行列とする. A の固有値のうち最大のものを α, 最小のものを β とすると, 条件

$$x_1^2 + x_2^2 + \cdots + x_n^2 = 1$$

の下で二次形式

$$\sum_{i,j=1}^{n} a_{ij} x_i x_j$$

の最大値は α , 最小値は β であることを証明しなさい.

3. $A = [a_{ij}]$ を n 次実対称行列,

$$Q = \sum_{i,j=1}^{n} a_{ij} x_i x_j$$

は A を係数行列とする二次形式とする. 少なくとも 1 つは 0 でない $x_1, x_2, \cdots, x_n$ に対して常に $Q > 0$ であるとき, Q は**正値**であるという. $1 \leq k \leq n$ について

$$A_k = \begin{bmatrix} a_{11} & a_{12} & \cdots & a_{1k} \\ a_{21} & a_{22} & \cdots & a_{2k} \\ \cdots & \cdots & \cdots & \cdots \\ a_{k1} & a_{k2} & \cdots & a_{kk} \end{bmatrix}$$

とすると, Q が正値であるためには

$$\det A_1 > 0, \quad \det A_2 > 0, \quad \cdots, \quad \det A_n > 0$$

が必要十分であることを証明しなさい.

4. 実数係数の二次形式

$$\sum_{i=1}^{n} a_{ij} x_i x_j$$

が 1 次式の積に因数分解されるための必要十分条件を求めなさい.

付　章
多項式と代数系

前章までにおいては，実数体または複素数体上の線形空間を考えた．しかしこれ以外に，一般に体と呼ばれる代数系上の線形空間を考える場合がある．この付章では，群，環，体といった代数系について述べ，代数学の視点の拠り所を与える．

A.1　代数方程式

代数方程式　$f(x) = \sum_{i=0}^{n} a_i x^{n-i} = a_0 x^n + a_1 x^{n-1} + \cdots + a_n$　（各 a_i は複素数）

の形の式を変数 x に関する**多項式**という．各 $a_0,\ a_1,\ \cdots,\ a_n$ を $f(x)$ の**係数**という．a_n を $f(x)$ の**定数項**という．$a_0 \neq 0$ のとき，n をこの多項式の**次数**という．0 次の多項式を**定数**という．

多項式

$$f(x) = a_0 x^n + a_1 x^{n-1} + \cdots + a_n$$

に対して，変数 x を数 α で置き換えることによって得られる値

$$f(\alpha) = a_0 \alpha^n + a_1 \alpha^{n-1} + \cdots + a_n$$

を $f(\alpha)$ と表わす．

多項式には和 $f(x) + g(x)$，積 $f(x)g(x)$ およびスカラー倍 $cf(x)$（c はスカラー）という演算がある．

$f(x)$ が多項式であるとき，$f(x) = 0$ の形の方程式を**代数方程式**という．

$f(\alpha) = 0$ をみたす数 α を代数方程式 $f(x) = 0$ の**根**（**解**）という．

２つの多項式 $f(x)$, $g(x)$ に対して $f(x) = g(x)h(x)$ となる多項式 $g(x)$, $h(x)$ が存在するとき，$g(x)$, $h(x)$ を $f(x)$ の**因子**という．

任意の多項式 $f(x)$ について，c を 0 でない定数とすると明らかに $f(x) = \frac{1}{c} f(x) \cdot c$

であるから，c および $f(x)$ の 0 でない定数倍は $f(x)$ の因子である．

多項式を２つ以上の因子の積として表わすことを**因数分解**という．

定数でない多項式 $f(x)$ が，0 でない定数と $f(x)$ 自身（または $f(x)$ の 0 でない定数倍）以外に因子をもたないとき，$f(x)$ は**既約**であるという．

多項式については次のような割り算 (**ユークリッド (Euclid) の除法**) が可能である．

$$
\begin{array}{r|l}
 & \phantom{x^2+{}}\frac{1}{2}x + \frac{9}{4} \\
\cline{2-2}
2x+1 & x^2 + 5x + 1 \\
 & x^2 + \frac{1}{2}x \\
\cline{2-2}
 & \phantom{x^2+{}}\frac{9}{2}x + 1 \\
 & \phantom{x^2+{}}\frac{9}{2}x + \frac{9}{4} \\
\cline{2-2}
 & \phantom{x^2+\frac{9}{2}x+{}}-\frac{5}{4}
\end{array}
$$

これは x^2+5x+1 を $2x+1$ で割った商が $\frac{1}{2}x+\frac{9}{4}$ で，余りが $-\frac{5}{4}$ であることを表わしている．つまり，

$$x^2+5x+1=(2x+1)\left(\frac{1}{2}x+\frac{9}{4}\right)+\left(-\frac{5}{4}\right).$$

一般に，$f(x)$ を $g(x)$ で割るとき，その余りの次数は $g(x)$ の次数より小さい．

> **定理 A.1.1** **(因数定理)** α が代数方程式 $f(x)=0$ の根であるならば，$(x-\alpha)$ は $f(x)$ の因子である．

証明　$x-\alpha$ は 1 次式であるから，上で述べた Euclid の除法によって $f(x)$ を $x-\alpha$ で割った余りは定数である．商を $g(x)$ とし，この余りを c とすれば，

$$f(x)=(x-\alpha)g(x)+c.$$

x に α を代入すれば，

$$0=f(\alpha)=(\alpha-\alpha)g(\alpha)+c$$

より $c=0$，したがって $x-\alpha$ は $f(x)$ の因子である．　▨

上の定理より，α が方程式 $f(x)=0$ の根であれば $f(x)$ は $x-\alpha$ で割り切れるが，さらに $(x-\alpha)^2$ でも割り切れるかもしれない．このようなとき，α は $f(x)=0$ の**重根**であるという．$f(x)$ を $x-\alpha$ のできるだけ大きいべきで割った商を $g(x)$ とすれば，

$$f(x)=(x-\alpha)^t g(x),\quad g(\alpha)\neq 0$$

と表わされる．$t\geq 2$ のとき，α は $f(x)=0$ の重根といわれる．

❑ **問題 A.1.1**　$f(x)=2x^3-11x^2+12x+9$ を次の形に書き表わしなさい．

$$f(x)=(x-3)^t g(x),\qquad g(3)\neq 0$$

2, 3, 4 次の代数方程式　２次の代数方程式は次のような形である．

$$ax^2 + bx + c = 0 \quad (a \neq 0) \tag{A.1}$$

まず a, b, c はすべて実数であるものとする．この２次方程式は

$$x = \frac{1}{2a}(-b \pm \sqrt{b^2 - 4ac}) \tag{A.2}$$

という２根をもつ（**2 次方程式の根の公式**）．

特に，$b^2 - 4ac = 0$ のときには $x = -\frac{b}{2a}$ を重根とする．

$b^2 - 4ac < 0$ のときには (A.2) 式は複素数となる．これは xy-平面において，曲線 $y = ax^2 + bx + c$ が x 軸と交わらない場合である．

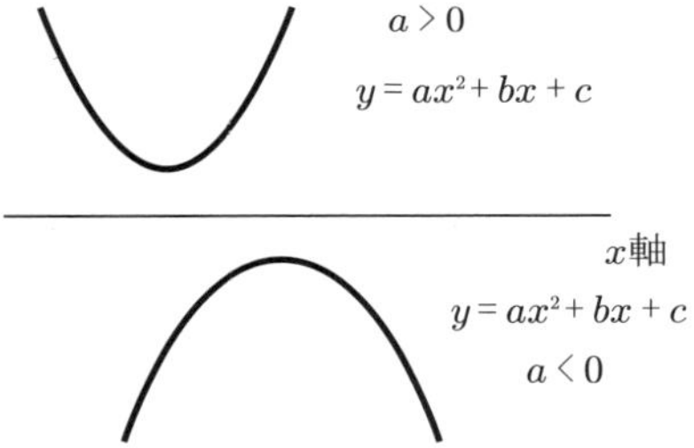

このように，$b^2 - 4ac < 0$ $(a \neq 0)$ のとき，２次式 $ax^2 + bx + c$ は実数係数の範囲では１次式の積に因数分解されることはない．これを**既約 2 次式**という．

３次の代数方程式

$$x^3 + ax^2 + bx + c = 0$$

は，変数変換 $y = x + \frac{a}{3}$ により，

$$x^3 + ax + b = 0 \tag{A.3}$$

の形に帰着される．(A.3) 式の根は $x_1 = u + v$，$x_2 = \omega u + \omega^2 v$，$x_3 = \omega^2 u + \omega v$ で与えられる．ここで ω は 1 の虚立方根，すなわち $\omega = \cos\frac{2\pi}{3} + i\sin\frac{2\pi}{3}$ であり，

$$u = \sqrt[3]{-\frac{b}{2} + \sqrt{\frac{b^2}{4} + \frac{a^3}{27}}}, \qquad v = \sqrt[3]{-\frac{b}{2} - \sqrt{\frac{b^2}{4} + \frac{a^3}{27}}}$$

である．これはイタリアのカルダノ（Gerolamo Cardano，1501〜1576）によって見出された解法である．

4次の代数方程式についても，上と同様にして

$$x^4 + ax^2 + bx + c = 0$$

の形に帰着される．3次の代数方程式 $(4u)^3 + 2a(4u)^2 + (a^2 - 4c)(4u) - b^2 = 0$ の3つの根を u_1，u_2，u_3 とすれば，上の4次方程式の根は

$$x_1 = \sqrt{u_1} + \sqrt{u_2} + \sqrt{u_3},\ x_2 = \sqrt{u_1} - \sqrt{u_2} - \sqrt{u_3},$$

$$x_3 = -\sqrt{u_1} + \sqrt{u_2} - \sqrt{u_3},\ x_4 = -\sqrt{u_1} - \sqrt{u_2} + \sqrt{u_3}$$

によって与えられる．これも16世紀にフェラーリ（Ludovico Ferrari，1522～1565）によって見出されたものである．

3次方程式の解法を発見したのは実際には Nicolo Fontana（1500?～1557，通称 Tartaglia）という人で，Cardano はただこれを本に書いて発表しただけといわれる． このころイタリアでは数学による一種の決闘が流行していた．2人がお金をかけて互いに同数個の問題を相手に出しあって，定められた期間内に沢山解いた方を勝ちとするものであったという．このような「数学決闘」に3次方程式や4次方程式を解く問題はよく出題された．Ferrari は Cardano の弟子である．

2次，3次，4次の代数方程式については根号による解の公式が知られたが，多くの人の努力にも拘らず，5次以上の代数方程式については根の公式は見出されなかった．

5次以上の代数方程式は根の公式では解かれないことが証明されたのは19世紀になってからのことであった．1830年頃，ノルウェーの Niels Henrik Abel (1802～1829) とフランスの Évariste Galois(1811～1832) が独立に，5次以上の方程式については根の公式が存在しないことを証明した．

この証明は大変長く複雑であり，丁寧に記述すればこの本1冊くらいになる．これが今日 Galois の理論として知られているものであり，Abel と Galois の苦労もひとえにこの点にかかっている．Galois はわずか20歳で決闘のため，Abel も27歳で栄養失調と肺炎で死んでいる．

2人とも薄幸な生涯であったが，この世に数学が存在する限り，2人の名前はいつまでも金字塔として光り輝くであろう．

方程式の根の公式の導き方並びに Galois と Abel の理論について詳しいことを知りたい方には巻末の参考文献 [4],[7] をお勧めする．

既約多項式　実数を係数とする多項式全体を記号 $\mathbf{R}[x]$ で表わし，**実係数多項式環**という．同様に，複素数を係数とする多項式全体の集合を $\mathbf{C}[x]$ と表わし，**複素係数多項式環**という．$\mathbf{R}[x]$ は $\mathbf{C}[x]$ の部分集合である．

ときどき混乱の原因となるが,「因子である（割り切れる）」という言葉の内容は，整数の場合と多項式の場合とで若干異なる．例えば整数として 3 は 5 の因子ではない．$5 = 3 \cdot \frac{5}{3}$ であるが，$\frac{5}{3}$ は整数ではないからである．しかし多項式環 $\mathbf{R}[x]$ においては，3 は 5 の因子である．$5 = 3 \cdot \frac{5}{3}$ において $\frac{5}{3}$ は確かに $\mathbf{R}[x]$ の元である．

実数係数多項式が既約多項式であるか否かは，$\mathbf{R}[x]$ の中で考えるか $\mathbf{C}[x]$ の中で考えるかによって異なる．例えば x^2+1 は既約２次式であるから，$\mathbf{R}[x]$ の元としては既約であるが，複素数の範囲では

$$x^2 + 1 = (x+i)(x-i)$$

という自明でない因数分解ができるから，$\mathbf{C}[x]$ の元としては既約ではない．

代数方程式には必ず根があるかという根本的な問題については，次の定理が知られている．

定理 A.1.2　**(代数学の基本定理)**　代数方程式

$$x^n + c_1x^{n-1} + c_2x^{n-2} + \cdots + c_n = 0$$

は複素数体において少なくとも１つの根をもつ．

証明　$$f(x) = x^n + c_1x^{n-1} + c_2x^{n-2} + \cdots + c_n$$
とおく．$x \neq 0$ において

$$|f(x)| = |x^n| \cdot \left|1 + c_1\frac{1}{x} + c_2\frac{1}{x^2} + \cdots + c_n\frac{1}{x^n}\right|.$$

$|x|$ が限りなく大きくなるとき，$|x^n|$ は限りなく大きくなる．一方で，$\frac{1}{x}, \frac{1}{x^2}, \cdots$ は 0 に収束するから，十分大きい正の数 A をとれば，

$$|x| > A \text{ ならば } \quad |f(x)| > |f(0)|$$

となる．$|f(x)|$ は複素平面上の連続関数であるので，有界の閉集合上では最大値と最小値をとる（例えば，巻末参考文献[15] p.27 定理 1 参照）．$|x| \leq A$ における関数 $|f(x)|$ の最小値を $|f(\alpha)|$ とする（α は $|\alpha| \leq A$ をみたすある複素数）と，$|x| > A$ においては $|f(x)| > |f(0)|$ であるから，$|f(\alpha)|$ は関数 $|f(x)|$ の $\mathbf{C}$ 全体における最小値である．したがって

$$u(x) = f(x+\alpha)$$

とおけば，$|u(x)|$ は $x=0$ において最小値をとる．

仮に $u(0) \neq 0$ とする．$u(x)$ の展開式を

$$u(x) = e_0 + e_1 x + e_2 x^2 + \cdots + e_n x^n$$

とすると，$e_0 = u(0) \neq 0$．e_1，e_2，$\cdots$，e_n のうちで 0 と異なるいちばん番号の若いものを e_t とすると，

$$u(x) = e_0 + e_t x^t + e_{t+1} x^{t+1} + \cdots + e_n x^n \qquad (e_t \neq 0).$$

極形式で

$$\frac{e_t}{e_0} = r(\cos\theta + i\sin\theta) \qquad (r > 0)$$

とする．微小な正の数 k を $1 - rk^t > 0$，$k < 1$ となるようにとることができる．

$$\zeta = k\left(\cos\frac{\pi-\theta}{t} + i\sin\frac{\pi-\theta}{t}\right)$$

とおく．

$\left|\frac{e_{t+1}}{e_0}\right|$，$\left|\frac{e_{t+2}}{e_0}\right|$，$\cdots$，$\left|\frac{e_n}{e_0}\right|$ のうち最大の数を B とすると，

$$\begin{aligned}
|u(\zeta)| &\leq |e_0 + e_t\zeta^t| + |e_{t+1}|k^{t+1} + \cdots + |e_n|k^n \\
&\leq |e_0|(1 - rk^t) + |e_0|Bk^{t+1} + \cdots + |e_0|Bk^n \\
&= |e_0|\{(1 - rk^t) + Bk^{t+1}(1 + k + k^2 + \cdots + k^{n-t-1})\} \\
&\leq |e_0| \left\{(1 - rk^t) + \frac{Bk^{t+1}}{1-k}\right\}.
\end{aligned}$$

ここで k をさらに微小に

$$0 < \varepsilon = rk^t - \frac{Bk^{t+1}}{1-k} = k^t\left(r - \frac{Bk}{1-k}\right) < 1$$

であるようにとれば，

$$|u(\zeta)| \leq |e_0|(1-\varepsilon) < |e_0| = |u(0)|$$

となる．これは $|u(0)|$ が $\mathbf{C}$ における $|u(x)|$ の最小値であることに矛盾する．よって $u(0) = 0$，すなわち $f(\alpha) = 0$ であり，代数方程式 $f(x) = 0$ は根 α をもつ．▨

上の定理が主張する，すべての代数方程式が根をもつという事実は一見，既に述べた，５次以上の代数方程式については根の公式が存在しないという事実と相反するようであるが，そうではない．ある方程式について，その根が存在するということと，その根が根号と四則演算による公式によって計算できるか否かとはまったく別のことである．一般に n 次の代数方程式については根が存在するが，その根を根号と四則演算のみによる係数の式で表わすことはできないということである．根号と四則演算の他にもっと複雑な関数を用いれば，根の公式は作ることができる．

$f(x)$ を多項式とする．上の定理により，方程式 $f(x)=0$ は根 α_1 をもつから，因数定理により，

$$f(x)=(x-\alpha_1)f_1(x)$$

となる多項式 $f_1(x)$ がある．もし $f(x)$ が2次以上ならば，$f_1(x)=0$ の根を α_2 とすれば，

$$f_1(x)=(x-\alpha_2)f_2(x)$$

となる多項式 $f_2(x)$ がある．したがって

$$f(x)=(x-\alpha_1)(x-\alpha_2)f_2(x)$$

となる．以下同様の議論を続けて，重複する因子をまとめれば，$f(x)$ は

$$f(x)=a_0(x-\alpha_1)^{n_1}(x-\alpha_2)^{n_2}\cdots(x-\alpha_s)^{n_s} \quad (a_0 は\ f(x)\ の最高次係数)$$

のように，完全に1次因子（$x-\alpha$ の形の因子）の積に因数分解されることがわかる．

系 A.1.3 $\mathbf{C}[x]$ における既約多項式は1次式だけである．したがって，$\mathbf{C}[x]$ においては，任意の多項式 $f(x)$ は1次式の積

$$f(x)=a_0(x-\alpha_1)^{n_1}(x-\alpha_2)^{n_2}\cdots(x-\alpha_s)^{n_s}$$

の形に因数分解される．

次に $\mathbf{R}[x]$ における因数分解を考える．

$$f(x)=a_0x^n+a_1x^{n-1}+\cdots+a_n \quad (a_0\neq 0)$$

が実数係数の多項式であるとする．上の系により，$\mathbf{C}[x]$ においてはこれを

$$f(x)=a_0(x-\alpha_1)^{n_1}(x-\alpha_2)^{n_2}\cdots(x-\alpha_s)^{n_s} \tag{A.4}$$

と因数分解することができる（$\alpha_1,\alpha_2,\cdots,\alpha_s$ は方程式 $f(x)=0$ の根）．ところが $f(x)$ の係数が実数であって，複素数 α が方程式 $f(x)=0$ の根であるならば，

$$f(\bar{\alpha})=\overline{f(\alpha)}=0$$

により $\bar{\alpha}$ もまた方程式 $f(x)=0$ の根である．したがって，(A.4) 式に現われた複素数 $\alpha_1,\alpha_2,\cdots,\alpha_s$ のうち $\alpha_1,\cdots,\alpha_e$ は実数として，α_{e+1} が実数でない複素数とすれば α_{e+1} の共役複素数 $\overline{\alpha_{e+1}}$ は $\alpha_{e+2},\cdots,\alpha_s$ のどれかと一致する．例えばこれが α_{e+2} であるとすれば，$(x-\alpha_{e+1})$ と $(x-\alpha_{e+2})$ をまとめて，

$$(x-\alpha_{e+1})(x-\alpha_{e+2})=(x-\alpha_{e+1})(x-\overline{\alpha_{e+1}})$$

$$= x^2 - (\alpha_{e+1} + \overline{\alpha_{e+1}})x + \alpha_{e+1}\overline{\alpha_{e+1}}.$$

ここで，$b = -(\alpha_{e+1} + \overline{\alpha_{e+1}})$，$c = \alpha_{e+1}\overline{\alpha_{e+1}}$ はともに実数であり，

$$x^2 - (\alpha_{e+1} + \overline{\alpha_{e+1}})x + \alpha_{e+1}\overline{\alpha_{e+1}} = x^2 + bx + c$$

は既約２次式である．α_{e+3} 以下についてもこのようにして複素根とその共役をまとめて既約２次式にしておけば，(A.4) 式は

$$f(x) = a_0(x-\alpha_1)^{n_1}\cdots(x-\alpha_e)^{n_e}(x^2+b_1x+c_1)^{m_1}\cdots(x^2+b_tx+c_t)^{m_t}$$

の形にまとめられる．

系 A.1.4　$\mathbf{R}[x]$ における既約多項式は１次式と既約２次式である．したがって，$\mathbf{R}[x]$ においては，任意の多項式 $f(x)$ は

$$f(x) = a_0(x-\alpha_1)^{n_1}\cdots(x-\alpha_e)^{n_e}(x^2+b_1x+c_1)^{m_1}\cdots(x^2+b_tx+c_t)^{m_t}$$

$$(b_i^2 - 4c_i < 0,\ 1 \leq i \leq t)$$

の形に因数分解される．

❏ **問題 A.1.2**　$f(x) = x^3 - x^2 - x - 2$ を $\mathbf{R}[x]$ において既約多項式の積に因数分解しなさい．また $\mathbf{C}[x]$ において既約多項式の積に因数分解しなさい．

A.2　群

以下，基本的な代数系について述べる．

S を集合とする．S の２つの元 x, y に対して S のある元 a を対応させる写像があるとき，これを S 上の**二項演算**という．このような写像を $a = \mu(x, y)$ と表すことにする．

一般に２つの集合 A, B に対して，A の元 a と B の元 b を並べた $(a,\ b)$ を A の元と B の元の**順序対**という．

$$(a,\ b) = (a',\ b') \qquad (a,\ a' \in A,\ b,\ b' \in B)$$

は $a = a'$, $b = b'$ であることを意味する．このような順序対の全体を $A \times B$ と表わし，A と B の**直積集合**という．この概念を使えば，集合 S 上の二項演算とは直積集合 $S \times S$ から S への写像 $(x,\ y) \longmapsto \mu(x,\ y)$ であるといいかえることができる．

G は空でない集合とする．集合 G 上の二項演算 $\mu(x,\ y)$ が与えられていて，次の３つの性質がみたされているとき，G を**群**という．

(1)　G の任意の元 x, y について

$$\mu(x, \mu(y, z)) = \mu(\mu(x, y), z)$$

(2)　G のある元 e が存在して，G の任意の元 x について

$$\mu(e, x) = \mu(x, e) = x$$

(3)　G の各元 x に対して，

$$\mu(x, x') = \mu(x', x) = e$$

となる G の元 x' が存在する．

正確には G とその上の二項演算 $\mu(x, y)$ の対 $(G, \mu(x, y))$ を群というべきなのであるが，習慣上演算 $\mu(x, y)$ を省いて集合 G を群であるという．

また，G が群であるとき，習慣上二項演算 $\mu(x, y)$ を xy と略記するので，以下これにしたがう（xy と記すからといってこれが通常の数の積を意味するとは限らない）．

❏ **問題 A.2.1**　この記法にしたがって上の条件 (1) ～ (3) を書き改めなさい．

上の (2) の性質をもつ G の元 e のことを G の**単位元**という．

(2) では，そのような元 e が G にある，ということを述べているだけで，そのような e が G に唯一であるとは述べていないが，このような元 e は G に唯一である（G の元 e, e' がともに (2) の性質をもつとすると，$e = e'e = e'$）．

同様に，(3) の性質をもつ元 x' も x によって一意的に決まることがわかる．この x' を x の**逆元**といい，x^{-1} と表わす．また $(x^{-1})^n$ を x^{-n} と表わす．

有限個の元からなる群を**有限群**という．有限群 G の元の個数を G の**位数**という．有限群でない群を**無限群**という．

例 1　3つの複素数

$$\omega_0 = 1, \qquad \omega_1 = -\frac{1}{2} + \frac{\sqrt{3}}{2}, \qquad \omega_2 = -\frac{1}{2} - \frac{\sqrt{3}}{2}$$

は通常の積 $\mu(x, y) = xy$ について群である（位数 3 の有限群）．

例 2　整数の全体 $\mathbf{Z}$，有理数の全体 $\mathbf{Q}$，実数の全体 $\mathbf{R}$，複素数の全体 $\mathbf{C}$ などは通常の和 $\mu(x, y) = x + y$ について群である（無限群）．

上の例 1 と例 2 については，常に $\mu(x, y) = \mu(y, x)$ となる．このような群を**可換群**（**アーベル群**）という．

例 3　A を集合とする．A から A 自身への写像で全単射であるもの全体は写像の合成

$$\mu(\sigma, \tau) = \sigma \circ \tau$$

について群となる．この群を集合 A 上の**置換群**という．

A を有限集合 $\{1, 2, \cdots, n\}$ としたものが 2.3 節で述べた n 次対称群 S_n である．▨

例 4　n 次実正則行列全体は行列の積 $\mu(A, B) = AB$ について群となる（**n 次一般線形群**）．▨

❏ **問題 A.2.2**　次の集合は与えられた二項演算 $\mu(x, y)$ について群であるか否か考えなさい．

(1)　整数の全体 $\mathbf{Z}$，$\mu(x, y) = x + y - 1$.

(2)　正の実数全体，$\mu(x, y) = xy$.

(3)　負の実数全体，$\mu(x, y) = xy$.

(4)　$A^2 = E_n$ をみたす n 次正方行列 A 全体の集合，$\mu(A, B) = AB$.

(5)　${}^tA = A^{-1}$ をみたす n 次正則行列 A 全体，$\mu(A, B) = AB$.

❏ **問題 A.2.3**　S を空でない集合とする．$\mu(x, y) = xy$ で与えられる集合 S 上の二項演算があり，次の３つの性質がみたされているとき，S は群であることを証明しなさい．

(i)　S の任意の元 x, y について $x(yz) = (xy)z$.

(ii)　S のある元 e が存在して，S の任意の元 x について $ex = x$.

(iii)　S の各元 a に対して，$a'a = e$ となる S の元 a' が存在する．

群 G のある元 a があって，G の任意の元が a^n（n は整数）と表わされるとき，G を**巡回群**という．

G を巡回群とする．もし異なる２つの整数 m, n については常に $a^m \neq a^n$ となるのであれば，G には無限個の相異なる元

$$a^0 = e,\ a^1,\ a^2,\ \cdots,\ a^n,\ \cdots$$

が含まれる．このとき，G は**無限巡回群**である．

もし異なる整数 m, n $(m > n)$ で $a^m = a^n$ となるものが存在するのであれば，$a^n = e$ となる正の整数 n がある．このような正整数のうち最小のものを N とすれば，G は N 個の元 $a,\ a^1,\ a^2,\ \cdots,\ a^N = e$ よりなる**有限巡回群**である．

❏ **問題 A.2.4**　巡回群は可換群であることを証明しなさい．

❏ **問題 A.2.5**　５次対称群 S_5 の元 $\sigma = \begin{pmatrix} 1 & 2 & 3 & 4 & 5 \\ 2 & 5 & 1 & 3 & 4 \end{pmatrix}$ について，$\sigma^n = e$（e は単位置換 ε_n）となる最小の正整数 n を求めなさい．

群 G の空でない部分集合 H が次の条件をみたすとき，H を G の**部分群**という．

> (1)　$a, b \in H$ ならば $ab \in H$
> (2)　$a \in H$ ならば $a^{-1} \in H$

H が群 G の部分群であるとき，H はそれ自身 G の演算について群である．

例 5　G が群で，a は G のある固定された元とする．このとき，a^n（n は整数）と表わされる G の元の全体は G の部分群である．

例 6　n 次対称群 S_n の元 σ で符号

$$\mathrm{sgn}\ (\sigma) = 1$$

となるものの全体（2.3 節参照）は S_n の部分群である．これを ***n* 次交代群**といい，A_n で表わす．

❏ 問題 A.2.6　G は群，S は G の部分集合とすると

$$H = \{x \in G \mid S \text{ の任意の元 } a \text{ について } xa = ax\}$$

は G の部分群であることを示しなさい．

G は群，H は G の部分群とする．G の元 a, b の間の関係 $\sim$ を

$$a \sim b \iff a^{-1}b \in H$$

によって定義する．$\sim$ は次に示すように G の元の間の同値関係である（1.3 節参照）．

> (1)　G の任意の元 a について $a^{-1}a = e \in H$，ゆえに $a \sim a$.
> (2)　もしも $a \sim b$ ならば $a^{-1}\ b \in H$，$(a^{-1}\ b)^{-1} = b^{-1}\ a \in H$ であるから，$b \sim a$.
> (3)　もしも $a \sim b$，　$b \sim c$ ならば $a^{-1}\ b \in H$，　$b^{-1}\ c \in H$ だから，$a^{-1}\ c = (a^{-1}b)(b^{-1}c) \in H$，よって $a \sim c$.

したがって，1.3 節で述べたように G の元をこの同値関係 $\sim$ による同値類に分けることができる．

G の元 a に対して，a の同値類を

$$aH$$

で表わす．a を同値類 aH の**代表元**という（aH の代表元は aH の元ならば何でもよい）．このような同値類の全体を

$$G/H$$

と表わす．

❏ **問題 A.2.7**　G は有限群，H はその部分群とすると，H の位数は G の位数の約数であることを証明しなさい．

H は群 G の部分群とする．G の任意の元 a と H の任意の元 b に対して，$a^{-1}ba$ がまた H の元となるとき，H を G の**正規部分群**という．例6において，A_n は S_n の正規部分群である．

G は群，H は G の正規部分群とする．このとき，G/H の元（同値類）の間の積を

$$(aH)(bH) = (ab)H$$

によって定義することができる．

もし

$$aH = a'H,\ bH = b'H \quad \text{ならば} \quad abH = a'b'H$$

であることは容易にわかるので，上で定義された積が代表元のとり方によらないことがわかる．

この積によって集合 G/H はまた群の構造をもつ．この群を G の正規部分群 H による**剰余群**という．

例 7　有理整数の全体 $\mathbf{Z}$ は加法について可換群であり，3 の倍数全体 H は $\mathbf{Z}$ の正規部分群である．$\mathbf{Z}$ の正規部分群 H による剰余群は $\{\bar{0}, \bar{1}, \bar{2}\}$（$\bar{k}$ は k の同値類）の3つの元からなり，その演算は下表のようになる．

	0	1	2
0	0	1	2
1	1	2	0
2	2	0	1

(表の見方：1 の行の 2 の列は 0 である．
これは $\bar{1} + \bar{2} = \bar{0}$ を表す)

▨

例 8　例6において，τ が奇置換であるとすれば S_n の A_n による剰余群は H と τH の2つの元からなり，その演算は次のようになる．

	H	τH
H	H	τH
τH	τH	H

▨

G と G' は群とする．G から G' への写像 f が，G の任意の元 a, b について

$$f(ab) = f(a)f(b)$$

をみたすとき，f は**群準同形写像**であるという．群 G から群 G' への群準同形写像が全単射であるとき，f を G から G' への**群同形写像**という（単に**同形写像**ともいう）．

群 G から群 G' への群同形写像が存在するとき，G と G' は**同形**であるといい，

$$G \cong G'$$

と書く．このとき G と G' は群として同じ構造をもっている．

❏ **問題 A.2.8**　f は群 G から群 G' への群準同形写像とすると，f によって G の単位元は G' の単位元に移されることを証明しなさい．

f は群 G から群 G' への群準同形写像であるとする．このとき

$$\mathrm{Im}(f) = \{a \in G' \mid f(x) = a \text{ となる } G \text{ の元 } x \text{ が存在する }\}$$

は G' の部分群である．また，

$$\mathrm{Ker}(f) = \{a \in G \mid f(a) = e'\} \qquad (e' \text{ は } G' \text{ の単位元})$$

は G の正規部分群である．$\mathrm{Im}(f)$ を f の**像**，$\mathrm{Ker}(f)$ を f の**核**という．これについて次の定理が成立する．

定理 A.2.1　**(準同形定理)**　f は群 G から群 G' への群準同形写像であるとする．ならば

$$G/\mathrm{Ker}(f) \cong \mathrm{Im}(f)$$

である．

証明　$\mathrm{Ker}(f) = H$ とする．G/H から $\mathrm{Im}(f)$ への写像 $\bar{f}$ を

$$aH \longmapsto f(a)$$

で定義することができる．この $\bar{f}$ は G/H から $\mathrm{Im}(f)$ への同形写像である（詳細は読者に任せる）．

例 9　2つの数 1 と -1 からなる集合 $G' = \{1, -1\}$ は通常の数の積について群である．n 次対称群 S_n から G' への写像 $\sigma \longmapsto \mathrm{sgn}(\sigma)$ は S_n から G' への全射群準同形写像であり，この核は A_n である（例 8）．したがって定理 A.2.1 により，$S_n/A_n \cong G'$.

❏ **問題 A.2.9**　2.6 節で述べた通り，n 次実正則行列全体 $GL_n(\mathbf{R})$ は行列の積について群である．また，0 でない実数全体 $\mathbf{R}^\circ$ は数の積について群である．

(1)　$A \longmapsto \det A$ で定められる写像 $f : GL_n(\mathbf{R}) \longrightarrow \mathbf{R}^\circ$ は全射群準同形写像であることを示しなさい．

(2)　この場合，群の準同形定理の $G/\mathrm{Ker}(f) \cong \mathrm{Im}(f)$ は何を意味するか．

A.3　環

整数全体の集合 $\mathbf{Z}$ には和と積の構造があり，次の式が成り立っている．

(1)	$a+b=b+a$	(2)	$(a+b)+c=a+(b+c)$
(3)	$a+0=a$	(4)	$a+(-a)=0$
(5)	$(ab)c=a(bc)$	(6)	$1a=a1=a$

(7)　$(a+b)c=ac+bc,\quad a(b+c)=ab+ac$

(8)　$0\neq 1$

一般に，空でない集合 R 上に２つの二項演算 $s(x,\ y)$，$p(x,\ y)$ が与えられていて，次の $(1')\sim(8')$ の条件がみたされているとき，R を**環**という．

$(1')$　$s(a,\ b)=s(b,\ a)$

$(2')$　$s(s(a,\ b),\ c)=s(a,\ s(b,\ c))$

$(3')$　R のある元 z が存在して，R の任意の元 a について

$$s(z,\ a)=s(a,\ z)=a$$

$(4')$　R の各元 a に対して，

$$s(a,\ a')=s(a',\ a)=z$$

となる R の元 a' が存在する．

$(5')$　$p(p(a,\ b),\ c)=p(a,\ p(b,\ c))$

$(6')$　R のある元 e が存在して，R の任意の元 a について

$$p(e,\ a)=p(a,\ e)=a$$

$(7')$　$p(s(a,\ b),\ c)=s(p(a,\ c),\ p(b,\ c))$,
$p(a,\ s(b,\ c))=s(p(a,\ b),$
$p(a,\ c))$

$(8')$　$e\neq z$

R が環であるとき，習慣上 $s(x,y)$ を $x+y$ と略記し，R の**加法**という．また，$p(x,y)$ を xy と略記し，R の**乗法**という．

この記法にしたがって上の $(1')\sim(8')$ を書き改めると $(1)\sim(8)$ となる．

$(3')$ の性質をもつ R の元 z のことを R の**零元**といい，0 で表わす．また $(6')$ の性質をもつ R の元のことを R の**単位元**といい，1 で表わす．群の場合と同様に，環の零元と単位元は各々一意的であることがわかる．R の元 a について $(4')$ をみたす R の元 a' を $-a$ と書く（$a+(-a)=0$）．

場合によっては上の公理のうち $(6')$，$(8')$ をみたさなくても環ということがある．

$(1')\sim(4')$ は R が演算 $x+y$（加法）について可換群であることを示しているので，環とは可換群にさらに $(5')\sim(8')$ をみたす積の構造が与えられたものであるということもできる．

例 10 整数の全体 $\mathbf{Z}$ は通常の和 $s(x,\,y)=x+y$ と積 $p(x,\,y)=xy$ について環である．これを**有理整数環**という．

同様に，有理数の全体 $\mathbf{Q}$，実数の全体 $\mathbf{R}$，複素数の全体 $\mathbf{C}$ はそれぞれ通常の和，差，積について環であり，それぞれ**有理数体**，**実数体**，**複素数体**と呼ばれる． ▨

例 11 実数係数（または複素係数）の多項式全体は多項式としての通常の和と積について環である（A.1 節参照）． ▨

上の例 10，例 11 については $(1')\sim(8')$ に加えて，

$(9')$ $p(a,\,b)=p(b,\,a)$

が成立する．このような環を**可換環**という．

例 12 n 次実正方行列の全体は行列の和 $A+B$ と積 AB について環である．これは可換環でない環である． ▨

環 R においては，R の任意の元 a について $a0=0a=0$ である（$a0=a(0+0)=a0+a0$，この両辺に $-a0$ を加えると $a0=0$ となる）．

❏ **問題 A.3.1** 環 R において，$(-1)a=-a$ であることを証明しなさい．

❏ **問題 A.3.2** R が演算 $s(x,\,y)=x+y$，$p(x,\,y)=xy$ について環であるとき，

$$s'(x,\,y)=x+y-1, \qquad p'(x,\,y)=x+y-xy$$

によって演算 $s'(x,\,y)$，$p'(x,\,y)$ を定めれば，R はこの演算 $s'(x,\,y)$，$p'(x,\,y)$ についてまた環となることを示しなさい．

以下，R を環とする．R の空でない（少なくとも 1 つの元を含む）部分集合 I が次の条件をみたすとき，I を R の**左イデアル**という．

(1) $a, b \in I$ ならば $a+b \in I$
(2) $a \in I$ ならば $-a \in I$
(3) $a \in I$，$x \in R$ ならば $xa \in I$

(3) を次の (3′) で置き換えたとき，I を R の**右イデアル** という．

(3′) $a \in I$，$x \in R$ ならば $ax \in I$

I が R の左イデアルでありかつ右イデアルでもあるとき I を R の**イデアル**という．もし R が可換環であるならば，R の左イデアル，右イデアル，イデアルの３つの概念は一致する．

$\{0\}$（0 のみよりなる R の部分集合）は R のイデアルである．これを**零イデアル**といい，(0) と表わす．また環 R 自身も R のイデアルである．

例 13 R は環とし，a を環 R のある固定された元とすると，

$$I = \{r \in R \mid r = xa \text{ となる } x \in R \text{ がある }\}$$

は R の左イデアルである．この I を a で**生成された R の単項左イデアル**と呼び，Ra と表わす．同様に，

$$I' = \{r \in R \mid r = ax \text{ となる } x \in R \text{ がある }\}$$

を a で**生成された R の単項右イデアル**と呼び，aR と表わす．

❏ **問題 A.3.3** I は環 R の左（または右）イデアルとする．もしも R の単位元 1 が I に含まれていれば $I = R$ であることを証明しなさい．

❏ **問題 A.3.4** R は環，S は R の部分集合とすると，

$$I = \{r \in R \mid S \text{ の任意の元 } x \text{ に対して } rx = 0\}$$

は R の左イデアルであることを示しなさい．

❏ **問題 A.3.5** I_1，I_2 が各々環 R の左イデアルであるとすれば，

$$I_1 + I_2 = \{x + y \mid x \in I_1,\ y \in I_2\},\quad I_1 \cap I_2$$

は各々 R の左イデアルであることを示しなさい．

❏ **問題 A.3.6** R は環，I_1，I_2 は R の左イデアルで，I_2 は I_1 に含まれないものとすると，$I_1 + I_2$ は真に I_1 を含むイデアルである（$I_1 \subseteq I_1 + I_2$ かつ $I_1 \neq I_1 + I_2$）ことを示しなさい．

環 R の空でない部分集合 U が次の性質をもつとき，U を R の**部分環**という．

(1) $a, b \in U$ ならば $a - b \in U$
(2) $a, b \in U$ ならば $ab \in U$
(3) $1 \in U$

例 14 有理数体 $\mathbf{Q}$ の中で有理整数の全体 $\mathbf{Z}$ は $\mathbf{Q}$ の部分環である．▨

例 15 n 次実正方行列全体の環 R において，

$$\begin{bmatrix} a & 0 & 0 & \cdots & 0 \\ 0 & a & 0 & \cdots & 0 \\ \cdots & \cdots & \cdots & \cdots & \cdots \\ 0 & \cdots & \cdots & 0 & a \end{bmatrix}$$

の形の行列全体 U は R の部分環である．▨

❑ **問題 A.3.7** U が環 R の部分環であれば，次のことが成り立つことを証明しなさい．
(1) R の零元 0 は U に含まれる．
(2) もし $a \in U$ ならば $-a \in U$ である．

環の部分環はそれ自身環の構造をもつ．

R, R' は環とする．R の零元を 0，R の単位元を 1，R' の零元を $0'$，R' の単位元を $1'$ とする．R から R' への写像 f が

(1) $f(a+b) = f(a) + f(b)$
(2) $f(ab) = f(a)f(b)$
(3) $f(1) = 1'$

をみたすとき，f を環 R から環 R' への**環準同形写像**という．f が環 R から環 R' への環準同形写像であるならば，

$$\mathrm{Ker}(f) = \{a \in R \mid f(a) = 0'\}$$

は R のイデアルであり，f の像

$$\mathrm{Im}(f) = \{a \in R' \mid f(x) = a \text{ となる } R \text{ の元 } x \text{ が存在する }\}$$

は R' の部分環である．

環 R から環 R' の中への環準同形写像 f が全単射であるとき，f を R から R' の上への**環同形写像**という．環 R から環 R' の上への環同形写像があるとき，R と R' と

は同形であるといい，$R \cong R'$ と表わす．このことは，環として R と R' とが同じ構造をもつことを意味する．

R を環，I は R のイデアルとする．R の元 x, y の間に関係 $\sim$ を

$$a \sim b \iff a - b \in I$$

によって定義する．$\sim$ は集合 R 上の同値関係である．この同値関係による同値類（1.3 節参照）全体の集合を R/I で表わす．R の元 a の同値類を a の**剰余類**といい，

$$a + I$$

と表わすことにする．

剰余類の間に

$$(a+I)+(b+I)=(a+b)+I, \quad (a+I)(b+I)=ab+I$$

によって和と積を定義することができる．これにより集合 R/I はまた環の構造をもつ．この環を R の I による**剰余環**という．

例 16　有理整数環 $\mathbf{Z}$ において，$I = 4\mathbf{Z}$（4 で生成された $\mathbf{Z}$ の単項イデアル）は $\mathbf{Z}$ のイデアルであり，剰余環 $\mathbf{Z}/I$ の和と積は次の表で与えられる．

和の表

	0	1	2	3
0	0	1	2	3
1	1	2	3	0
2	2	3	0	1
3	3	0	1	2

積の表

	0	1	2	3
0	0	0	0	0
1	0	1	2	3
2	0	2	0	2
3	0	3	2	1

表の見方：和の表で 1 の段の 2 の列には 3 が記入されている．これは $(1+I)+(2+I)=3+I$ を表す．積の表についても同様．

❑ **問題 A.3.8**　上を参考にして $\mathbf{Z}/6\mathbf{Z}$ の和と積の表を作りなさい．

定理 A.3.1　**(環の準同型定理)**　f は環 R から環 R' への環準同形写像とする．ならば

$$R/\mathrm{Ker}(f) \cong \mathrm{Im}(f).$$

(証明は定理 A.2.1 と同様につき省略)

例 17 実係数多項式環 $\mathbf{R}[x]$ から複素数体 $\mathbf{C}$ への写像 ψ を

$$\psi\left(\sum_{t=0}^{n} a_t x^t\right) = \sum_{t=0}^{n} a_t i^t \quad (a_t \in \mathbf{R},\ i \text{ は虚数単位})$$

によって定義する. ψ は $\mathbf{R}[x]$ から $\mathbf{C}$ への全射環準同形写像である. $\mathrm{Ker}(f)$ は x^2+1 で生成されるイデアル I である. ゆえに $\mathbf{R}[x]/I \cong \mathbf{C}$ である. ▨

❏ **問題 A.3.9** $\mathbf{R}[x]$ から $\mathbf{C}$ への写像 γ を

$$\gamma\left(\sum_{t=0}^{n} a_t x^t\right) = \sum_{t=0}^{n} a_t (1+i)^t \quad (a_t \in \mathbf{R},\ i \text{ は虚数単位})$$

によって定義するとき, γ は全射環準同形写像であることを示しなさい. また $\mathrm{Ker}(\gamma)$ を求めなさい.

群とか環といった概念はそれなりの必然性があって発生したものである. 次の２つの事実を眺めてみよう.

(1) 6 は 3 の倍数である.

$$6 = 3 \cdot 2$$

(2) 多項式 $x^2 - x - 2$ は $x - 2$ を因子とする.

$$x^2 - x - 2 = (x-2)(x+1)$$

上の (1) は整数の世界での話であり, (2) は多項式の世界での話であるから, そういう意味では, (1) と (2) とはまったく関係がない. しかし見方を変えれば, どちらも「整除」（割り切れる）という事実に触れている.

もし整除という操作を含む一般的な概念があれば, (1) と (2) はその中で共通に論じることができる.

群（英語で group）という名称は, 積という演算によってまとまりをもつものという意味でそのように呼ばれるのであろうが, 環（ring）という名称はいかなる感覚によるものか著者は知らなかった. 名古屋大学の松村英之教授（故人）が 1994 年の定年退官記念講演の折に, $\mathbf{Z}/n\mathbf{Z}$ は 1 を n 回加えると 0 になるので, 何回か繰り返すともとに戻るという性質から, これに類するものを ring と呼ぶようになった, といわれた. 可換環論の重鎮であった松村教授がいわれる以上その通りなのであろう.

A.4 可 換 環

以下，R は可換環とする．R のイデアル I が，「$a, b \in R$, $ab \in I$ ならば，$a \in I$ または $b \in I$」という条件をみたすとき，I は R の**素イデアル**であるという．

R のイデアル I が包含関係について極大，つまり，

(1) $I \neq R$,
(2) $I \subseteq I' \subseteq R$ となる R のイデアル I' は $I' = I$, $I' = R$ 以外にない．

という条件をみたすとき，I は R の**極大イデアル**であるという．

定理 A.4.1 R の極大イデアルは R の素イデアルである．

証明 I を R の極大イデアルとし，$a, b \in R$, $ab \in I$, $a \notin I$ とする．a で生成された R の単項イデアル Ra は I に含まれないから，$I + Ra$ は R のイデアルで $I + Ra \supseteq I$, $I + Ra \neq I$ をみたす（問題 A.3.6 参照）．I は R の極大イデアルであるから，$I + Ra = R$ となる．したがって R の単位元 1 は $1 = x + ra$ $(x \in I,\ r \in R)$ と書かれる．$b = bx + rab$, $bx \in I$, $rab \in I$ ゆえ $b \in I$. ▨

R の素イデアルは必ずしも R の極大イデアルではない（問題 A.5.6 参照）．

R の元 a, b について，$a = bc$ となる R の元 c が存在するとき，b は a の**因子**である，あるいは a は b の**倍元**であるという．単位元 1 の因子を**単数**という．つまり，R の元 a が単数であるとは，$aa' = 1$ となる R の元 a' が存在することである．このとき a' を a の**逆元**という．a の逆元はもし存在すれば唯一である．

a は R の 0 でも単数でもない元とする．a が R の**素元**であるとは，$a = bc$ となるような R の元 b, c があるとすれば b, c のうち少なくとも一方は単数であることをいう．

❑ **問題 A.4.1** 可換環 R の単数全体は R の乗法について可換群となることを証明しなさい．

例 18 有理整数環 $\mathbf{Z}$ においては，単数は 1 と -1 であり素元は素数またはその (-1) 倍である． ▨

有理整数環においては，もし $ab = 0$ ならば a, b のうち少なくとも一方は 0 であるが，可換環ではいつもそうとは限らない．可換環 R において，

「$ab = 0$ ならば $a = 0$ または $b = 0$」

という条件が成り立つとき，R を**整域**という．

定理 A.4.2　R は可換環，I は R のイデアルとする．I が R の素イデアルであるための必要十分条件は，剰余環 R/I が整域であることである．

証明　I が R の素イデアルであるとする．剰余環 R/I において $\bar{a}\bar{b}=0$ であるとする（$a, b \in R$，$\bar{a}, \bar{b}$ はそれぞれ a, b の剰余類）．$ab \in I$ であるから $a \in I$ または $b \in I$ のいずれかである．もし $a \in I$ ならば $\bar{a}=0$，もし $b \in I$ ならば $\bar{b}=0$ である．したがって R/I は整域である．逆も同様．▨

可換環 R の 0 でない元がすべて R の単数であるとき，R を**体**という．実数の全体 $\mathbf{R}$ は体である．有理数の全体 $\mathbf{Q}$，複素数の全体 $\mathbf{C}$ も体である．

❑ **問題 A.4.2**　有限整域 (有限個の元からなる整域) は体であることを証明しなさい．

上の問題により，p を素数とするとき，剰余環 $\mathbf{Z}/(p)$ （(p) は p で生成された $\mathbf{Z}$ のイデアル）は p 個の元よりなる体であることがわかる．有限個の元よりなる体を**有限体**といい，無限個の元よりなる体を**無限体**という．

❑ **問題 A.4.3**　R は可換環で I は R のイデアルとする．I が R の極大イデアルであるための必要十分条件は，剰余環 R/I が体であることであることを証明しなさい．

R を可換環とする．各自然数 n について，R の単位元 1 を n 回加えた R の元 $1+1+\cdots+1$ を $n1$ で表わす．すると 2 つの場合が考えられる．

(I)　$n1=0$ （R の零元）となるのは $n=0$ のときのみ．
　この場合，R の**標数**は 0 であるという．
(II)　$n=0$ でなくても $n1=0$ となることがある．
　この場合，$n1=0$ となる最小の正整数 n を R の**標数**という．

❑ **問題 A.4.4**　K が有限体（有限個の元よりなる体）であれば，K の標数は素数であることを示しなさい．

❑ **問題 A.4.5**　可換環 R の標数が n （$n \neq 0$）とすれば，R は $\mathbf{Z}/\mathbf{Z}n$ （$\mathbf{Z}$ は有理整数環，$\mathbf{Z}n$ は n で生成された単項イデアル）と同形な部分環を含むことを証明しなさい．

R が整域で，R のイデアルがすべて単項イデアルであるとき，R を**単項イデアル整域**という．

定理 A.4.3　R は単項イデアル整域，a を R の 0 でも単数でもない元とする．ならば次の条件は互いに同値である．

(i)　a は素元．

(ii)　Ra（a で生成された単項イデアル）は極大イデアル．

(iii)　Ra は素イデアル．

証明　(i) $\Rightarrow$ (ii).　a を単項イデアル整域 R の素元とする．$Ra \subseteq I' \subseteq R$ となる R のイデアル I' があるとする．R は単項イデアル整域であるから，$I' = Rb$ となる R の元 b が存在する．$a \in Rb$ ゆえ，$a = bc$ となる R の元 c がある．a は素元であるから，b, c のうち少なくとも一方は単数である．もし b が単数であれば $I' = R$, もし c が単数であれば $I' = Ra$ である．

(ii) $\Rightarrow$ (iii).　定理 A.4.1 より明らか．

(iii) $\Rightarrow$ (i).　Ra が素イデアルであるとして，$a = xy$ とする．素イデアルの定義により，$x \in Ra$ または $y \in Ra$ でなければならない．もし $x \in Ra$ ならば $x = at$ となる R の元 t が存在する．このとき，$a = xy = (at)y = a(ty)$ から $a(1 - ty) = 0$，ところが R は整域で $a \neq 0$ だから $1 - ty = 0$，よって y は単数である．同様に，$y \in Ra$ のときは x が単数となる．▨

A.5　多 項 式 環

R は可換環とする．R の元を係数とする多項式

$$f(x) = \sum_{i=0}^{n} a_i x^i = a_0 + a_1 x + \cdots + a_n x^n \quad (n \text{ は固定されていない自然数})$$

の全体は，和

$$\left(\sum_{i=0}^{n} a_i x^i\right) + \left(\sum_{i=0}^{n} b_i x^i\right) = \sum_{i=0}^{n} (a_i + b_i) x^i$$

（次数の高い項の係数は 0 としておく）と積

$$\left(\sum_{i=0}^{m} a_i x^i\right)\left(\sum_{j=0}^{n} b_j x^j\right) = \sum_{k=0}^{m+n} c_k x^k, \quad c_k = \sum_{i+j=k} a_i b_j \quad (0 \leq k \leq m+n)$$

によって環となる．この環を R 上の**多項式環**といい，$R[x]$ と表わす．

補題 A.5.1　K が体であれば，$K[x]$ は単項イデアル整域である．

証明　まず $K[x]$ が整域であることを示す．$K[x] \ni f(x),\ g(x),\ f(x)g(x) = 0$ とする．仮に $f(x) \neq 0,\ g(x) \neq 0$ とすれば，

$$\begin{aligned} f(x) &= a_0x^m + a_1x^{m-1} + \cdots + a_m, \\ g(x) &= b_0x^n + b_1x^{n-1} + \cdots + b_n, \end{aligned} \qquad (a_0 \neq 0,\ b_0 \neq 0)$$

と書かれる．

$$f(x)g(x) = (a_0b_0)x^{m+n} + (a_1b_0 + a_1b_0)x^{m+n-1} + \cdots + (a_mb_n) = 0$$

より $a_0b_0 = 0$，これは矛盾である．

次に $K[x]$ の任意のイデアルが単項イデアルであることを示す．I を $K[x]$ の零イデアルでないイデアルとする．I の 0 でない元の中で次数最小のものを $g_0(x)$ とし，$g_0(x)$ で生成された単項イデアルを G とする．明らかに $I \supseteq G$ である．仮に $I \neq G$ であるとすれば，I の元で G に属さないものがある．それを $f(x)$ とする．$K[x]$ においてユークリッドの除法が可能であるので（A.1 節），$f(x) = g_0(x)h(x) + r(x)$ となる多項式 $h(x),\ r(x)$ で $r(x)$ の次数が $g_0(x)$ の次数より低いものが存在する．ところが $r(x) = f(x) - g_0(x)h(x)$，$f(x),\ g_0(x) \in I$ であるから $r(x) \in I$ である．$g_0(x)$ は I の 0 でない多項式の中で次数最小のものであったので，$r(x) = 0$ である．これは $f(x) \in G$ を意味するので，上の $f(x)$ のとり方に反する．したがって $I = G$．▨

❑ **問題 A.5.1**　上の証明を参考にして，有理整数環 $\mathbf{Z}$ は単項イデアル整域であることを証明しなさい．

❑ **問題 A.5.2**　K を体とすれば，$K[x]$ の単数は定数 a $(a \in K,\ a \neq 0)$ のみであることを示しなさい．

体 K が体 L の部分環であるとき，K は L の**部分体**である，あるいは，L は K の**拡大体**であるという．

K を体とする．$K[x]$ の素元（A.4 節参照）を**既約多項式**という．$f(x)$ が $K[x]$ の既約多項式であるとき，$f(x)$ で生成された $K[x]$ の単項イデアルを I とすると，定理 A.4.3 と問題 A.4.3 により剰余環 $K[x]/I$ は体である．K の元 a に対して $K[x]/I$ の元 $a + I$ を対応させる写像は K から $K[x]/I$ への単射環準同形写像である．したがって，$K[x]/I$ は K と同形な部分体を含む．この意味で，$K[x]/I$ は K の拡大体である．

❑ **問題 A.5.3**

(1)　$f(x) = x^2 - 2$ は $\mathbf{Q}[x]$ の既約多項式であることを示しなさい（$\mathbf{Q}$ は有理数体）．

(2)　$f(x)$ で生成された $\mathbf{Q}[x]$ のイデアルを I とすると，体 $\mathbf{Q}[x]/I$ の任意の元は $(a + b\sqrt{2}) + I$ $(a,\ b \in \mathbf{Q})$ の形に表わされることを示しなさい．

$x^2 - xy$, $x_1^3 + 3x_2 - 4x_1x_3^2$ のように２個以上の変数を含む多項式を多変数の**多項式**という．

R を可換環とするとき，R の元を係数とし n 個の変数 $x_1, x_2, \cdots, x_n$ を含む多項式は **n 変数の多項式**とよばれ，一般に次のような形に表わされる．

$$f(x_1, x_2, \cdots, x_n) = \sum_{i_1=0}^{r_1}\sum_{i_2=0}^{r_2}\cdots\sum_{i_n=0}^{r_n} a_{i_1 i_2 \cdots i_n} x_1^{i_1} x_2^{i_2} \cdots x_n^{i_n} \quad (a_{i_1 i_2 \cdots i_n} \in R)$$

$R[x]$ の場合と同様に，多変数の多項式の和，積，スカラー倍が定義される．n 変数の多項式全体はこの和と積に関して可換環となる．この環を（$x_1, x_2, \cdots, x_n$ を変数，R を係数環とする）**n 変数多項式環**といい，$R[x_1, x_2, \cdots, x_n]$ と表わす．

変数 x_1, x_2 に関する多項式

$$-3x_1x_2^2 + 4x_1x_2 - 3x_2^2 - 3x_1 + 5x_2 - 6$$

は，

$$(-3x_1 - 3)x_2^2 + (4x_1 + 5)x_2 + (-3x_1 - 6)$$

のように $R[x_1]$ の元を係数とする x_2 の多項式として表わすことができる．つまり $R[x_1, x_1] = (R[x_1])[x_2]$ である．

一般に，$R[x_1, x_2, \cdots, x_n] = (R[x_1, x_2, \cdots, x_{n-1}])[x_n]$ である．

❏ **問題 A.5.4**　多項式 $-5x_1^3x_2x_3 + 8x_1x_2^2 - 2x_1x_2x_3 + 7x_1x_3 - 5x_1x_3^3 + 6x_1 - 8x_2 - 9$ を，$\mathbf{Q}[x_1, x_2]$ の元を係数とする x_3 の多項式に書き改めなさい．

補題 A.5.1 の証明によれば，R が整域であれば R 上の多項式環 $R[x]$ も整域である．よって，次のことがわかる．

> **定理 A.5.2**　$R[x_1, x_2, \cdots, x_n]$ においてもし $f(x)g(x) = 0$ となるならば，$f(x) = 0$ または $g(x) = 0$ である．

$n \geq 2$ のとき，上の定理により $K[x_1, x_2, \cdots, x_n]$ は整域であるが単項イデアル整域ではない．

❏ **問題 A.5.5**

(1) 体 K 上の２変数多項式環 $K[x_1, x_2]$ の元 $f(x_1, x_2)$ で，$f(x_1, x_2) = u_1x_1 + u_2x_2$ (u_1, u_2は $K[x_1, x_2]$ の元) の形に書かれるもの全体の集合 I は $K[x_1, x_2]$ のイデアルであることを示しなさい．

(2) 上の I は $K[x_1, x_2]$ の単項イデアルではないことを示しなさい．

❏ **問題 A.5.6** K を体とするとき，多項式環 $K[x_1,\, x_2]$ の，x_1x_2-1 で生成されたイデアルは $K[x_1,\, x_2]$ の素イデアルであるが，極大イデアルではないことを示しなさい．

章 末 問 題

1. ２つの自然数 m, n が 1 以外に共通の約数をもたないとき，m, n は互いに素であるといわれる．m, n が互いに素な自然数であれば

$$xm + yn = 1$$

をみたす整数 x, y が存在することを証明しなさい．

2. G は位数が n の有限アーベル群とする．r は自然数で r, n は互いに素であれば，$x \longmapsto x^r$ で定義される G から G 自身への写像は G から G 自身への同型写像であることを証明しなさい．

3. p は素数として，次のことを証明しなさい．
(1) 位数 p の有限群は巡回群である．
(2) 位数 p^2 の有限群はアーベル群である．

4. G は単位元 e 以外の元をもつ群であり，G の部分群は G 自身と $\{e\}$ 以外にないとすれば，G は素数位数の有限群であることを証明しなさい．

5. G は有限群，H は G の空でない部分集合で条件「$a, b \in H$ ならば $ab \in H$」をみたすものとすれば，H は G の部分群であることを証明しなさい．

6. (1) 有理整数環 $\mathbf{Z}$ の 2 で生成された単項イデアルを P とし，$\mathbf{Z}_2 = \mathbf{Z}/P$ とする．$f(x) = x^2 + x + 1$ は $\mathbf{Z}_2$ 上の多項式環 $\mathbf{Z}_2[x]$ の素元であることを示しなさい．
(2) $f(x)$ で生成された $\mathbf{Z}_2[x]$ の単項イデアルを I とすると，$\mathbf{Z}_2[x]/I$ は 4 個の元よりなる有限体であることを証明しなさい (このような有限体は通信信号に用いられる．巻末参考文献[13] 参照)．

7. K は体とする．$K[x]$ の定数でない２つの多項式 $f(x), g(x)$ の共通な因子は定数しかないとき，$f(x)$ と $g(x)$ は互いに素であるという．もし $f(x)$ と $g(x)$ が互いに素であるならば，

$$f(x)r(x) + g(x)s(x) = 1$$

となる多項式 $r(x), s(x) \in K[x]$ が存在することを証明しなさい．

問題の略解

第 1 章

1.1.1　(1)　単射であるが全射ではない　　(2)　全射かつ単射である

1.1.2　$g \circ f(x) = x + 1$,　$f \circ g(x) = \sqrt{x^2 + 1}$

1.1.3　$f^{-1}(x) = \frac{1}{3}(x - 1)$

1.2.1　(1)　この本の著者は金持ちでないかまたは美男でない．　(2)　x_1, x_2, x_3 のうち少なくとも 1 つは 1 でない．　(3)　方程式 $f(x) = 0$ は解をもたないか，あるいは $x = 0$ 以外の解をもつ．

1.2.2　(1)　x が 10 以下の数であれば，x は 100 以下である．　(2)　x が -1 でも 3 でもなければ x は方程式 $x^2 - 2x - 3 = 0$ の解ではない．

1.3.1　$\overrightarrow{\mathrm{AB}} = \begin{bmatrix} -1 \\ 2 \\ 12 \end{bmatrix}$,　$\overrightarrow{\mathrm{BA}} = \begin{bmatrix} 1 \\ -2 \\ -12 \end{bmatrix}$,　$\mathrm{P}\left(\frac{24}{7}, \frac{8}{7}, \frac{13}{7}\right)$

1.3.2　$t = \frac{7}{13}, -2$

1.3.3　$(\boldsymbol{a}, \boldsymbol{b}) = 1$，角度は $\frac{\pi}{4}$ $(45°)$

1.3.4　$-(x - 1) + 4(y + 2) + 2(z + 3) = 0$

1.3.5　$\begin{bmatrix} \pm\frac{5}{\sqrt{26}} \\ 0 \\ \pm\frac{1}{\sqrt{26}} \end{bmatrix}$（複号同順）

1.3.6　(2)$2y + z + 3 = 0$

1.3.7　(1)　$x = 5t - 1$,　$y = 3$,　$z = -t + 2$,　$\frac{x+1}{5} = -z + 2$,　$y = 3$
(2)　$x = \frac{1}{2} - \frac{1}{2}t$,　$y = -\frac{1}{2} + \frac{7}{2}t$,　$z = t$,　$1 - 2x = \frac{2y+1}{7} = z$

1.3.8　体積は 4

1.4.1　(1)　$5 - i$　　(2)　$29 - 7i$　　(3)　$\frac{3}{58} + \frac{7}{58}i$

1.4.2　(1)　$z = \pm\frac{\sqrt{2}}{2} \pm \frac{\sqrt{6}}{2}i$（複号同順）　　(2)　$z = \frac{\sqrt{3}}{2} + \frac{1}{2}i, -\frac{1}{2} + \frac{\sqrt{3}}{2}i, -i$

第 2 章

2.1.2　(1)　$\begin{bmatrix} -1 + 5i & 2 - 3i \\ 2i & 1 \end{bmatrix}$　　(2)　$\begin{bmatrix} -20 + 8i & 0 & 30 + 17i \\ -5i - 2 & 5 - 2i & 0 \end{bmatrix}$

(3) $\begin{bmatrix} -8+12i & 12i \\ -2-2i & -5+6i \end{bmatrix}$ (4) $\begin{bmatrix} x_1+2ix_2-x_3 \\ 5x_2+4x_3 \\ x_1-x_2+2x_3 \end{bmatrix}$ (5) $[-20+21i]$

(6) $\begin{bmatrix} 3 & 0 & -i \\ -6i & 0 & -2 \end{bmatrix}$

2.3.1 (1) $\mathrm{sgn}(\sigma)=-1$ (2) $\mathrm{sgn}(\tau)=1$ (3) $\mathrm{sgn}(\rho)=1$

2.5.1 (1) 74 (2) -134 (3) $25a+26b-10c$ (4) 280

2.7.1 $x_1=\frac{b_1-ab_2}{1-a^3},\ x_2=\frac{b_2-ab_3}{1-a^3},\ x_3=\frac{b_3-ab_1}{1-a^3}$

第 3 章

3.1.1 (1) 2 (2) 3 (3) 4 (4) 3

3.2.1 (1) $\begin{bmatrix} -\frac{3}{2} & -\frac{1}{2} & -2 \\ -\frac{1}{2} & -\frac{1}{2} & -1 \\ 1 & 1 & 1 \end{bmatrix}$ (2) $\begin{bmatrix} -\frac{1}{2} & 2 & -2 & \frac{1}{2} \\ -\frac{1}{2} & 1 & -1 & \frac{1}{2} \\ -2 & 4 & -5 & 1 \\ 1 & -1 & 1 & 0 \end{bmatrix}$

3.3.1 (1) $x_1=1-\alpha, x_2=2\alpha, x_3=-\alpha, x_4=\alpha$ (2) $x_1=1+\alpha-3\beta, x_2=-3-\alpha+\beta, x_3=1+\alpha+\beta, x_4=\alpha, x_5=\beta$ (3) 解なし
(4) $x_1=0, x_2=-3, x_3=-1, x_4=1$ (5) $x_1=1-\alpha+3\beta, x_2=3\alpha-2\beta, x_3=\alpha, x_4=\beta, x_5=1, x_6=-1$ **3.4.1** (1) $x_1=-\alpha,\ x_2=2\alpha,\ x_3=\alpha$
(2) $x_1=3\alpha-\beta,\ x_2=2\alpha-2\beta,\ x_3=\alpha,\ x_4=-\beta,\ x_5=\beta$

第 4 章

4.2.1 (2) $\boldsymbol{b}=3\boldsymbol{a}_1-\boldsymbol{a}_3+2\boldsymbol{a}_4$

4.3.1 一次独立な列ベクトルの最大個数，一次独立な行ベクトルの最大個数ともに 2. 例えば $\begin{bmatrix} 1 \\ 3 \\ -1 \end{bmatrix}$，$\begin{bmatrix} -3 \\ -8 \\ 2 \end{bmatrix}$ は一次独立. また $\begin{bmatrix} 1 & -3 & 4 & 5 \end{bmatrix}$，$\begin{bmatrix} 3 & -8 & 5 & 0 \end{bmatrix}$ は一次独立.

4.4.1 $A=\begin{bmatrix} 2 & 3 \\ 2 & 0 \\ -2 & 1 \end{bmatrix}$ **4.4.2** $-\frac{2}{3}$

4.4.3 $\begin{bmatrix} 8 \\ 14 \\ -3 \end{bmatrix}$ **4.4.4** $\begin{bmatrix} -1 \\ -3 \end{bmatrix}$ **4.5.1** $(-2)\boldsymbol{a}_1+\boldsymbol{a}_3+\boldsymbol{a}_4=\boldsymbol{0}$

4.6.1 (1) $\dim \mathrm{Ker}(L_A) = 2$, $\dim \mathrm{Im}(L_A) = 2$

(2) $\dim \mathrm{Ker}(L_A) = 1$, $\dim \mathrm{Im}(L_A) = 3$

4.6.2 (1) $\mathrm{Ker}\ L_A$: ベクトル $\begin{bmatrix} -\frac{13}{2} \\ -\frac{7}{2} \\ 1 \end{bmatrix}$ を基底とする $\mathbf{R}^3$ の部分空間,

$\mathrm{Im}\ L_A$: ベクトル $\begin{bmatrix} 1 \\ 4 \\ 3 \end{bmatrix}$ と $\begin{bmatrix} -1 \\ 0 \\ 1 \end{bmatrix}$ を基底とする $\mathbf{R}^3$ の部分空間.

(2) 平面 $x - y + z = 0$

4.7.2 $\begin{bmatrix} 1 & 0 & 0 \\ 0 & 1 & 0 \\ 0 & 0 & -1 \end{bmatrix}$

4.7.3 $2x + (-3\cos\theta - 4\sin\theta)y + (-3\sin\theta + 4\cos\theta)z = 0$

4.8.1 (2) $\begin{bmatrix} -2 & \frac{5}{2} & 3 \\ 3 & -\frac{5}{2} & 0 \\ 0 & -\frac{3}{2} & -1 \end{bmatrix}$ **4.8.2** $\begin{bmatrix} \frac{115}{22} & -\frac{95}{22} & \frac{69}{22} \\ \frac{138}{22} & -\frac{158}{22} & \frac{118}{22} \\ \frac{13}{22} & -\frac{5}{22} & -\frac{1}{22} \end{bmatrix}$

第 5 章

5.1.1 $(\boldsymbol{x}, \boldsymbol{y}) = 3 - 7i$, $(\boldsymbol{y}, \boldsymbol{x}) = 3 + 7i$, $\|\boldsymbol{x}\| = \sqrt{27}$, $\|\boldsymbol{y}\| = \sqrt{30}$

5.1.4 $(f(x),\ g(x)) = \frac{179}{60}$, $\|f(x) - g(x)\| = \frac{3}{\sqrt{14}}$

5.2.1 (2) $\boldsymbol{u}_1 = \begin{bmatrix} \frac{1}{\sqrt{2}} \\ 0 \\ -\frac{1}{\sqrt{2}} \end{bmatrix}$, $\boldsymbol{u}_2 = \begin{bmatrix} \frac{1}{\sqrt{3}} \\ \frac{1}{\sqrt{3}} \\ \frac{1}{\sqrt{3}} \end{bmatrix}$, $\boldsymbol{u}_3 = \begin{bmatrix} \frac{1}{\sqrt{6}} \\ -\frac{2}{\sqrt{6}} \\ \frac{1}{\sqrt{6}} \end{bmatrix}$

5.2.2 $\begin{bmatrix} -2 \\ 1 \\ 0 \end{bmatrix}$, $\begin{bmatrix} 3 \\ 0 \\ 1 \end{bmatrix}$ **5.3.1** (1) -2, 5

5.3.2 $A^{-1} = \begin{bmatrix} \frac{7}{6} & -\frac{10}{3} & -\frac{5}{3} \\ \frac{5}{6} & -\frac{13}{6} & -\frac{5}{6} \\ -\frac{5}{6} & \frac{5}{3} & \frac{1}{3} \end{bmatrix}$, $A^6 = \begin{bmatrix} 1394 & -2660 & -1330 \\ 665 & -1266 & -665 \\ -665 & 1330 & 729 \end{bmatrix}$

5.4.1 ${}^tUAU = \begin{bmatrix} 1 & 0 \\ 0 & -2 \end{bmatrix}$

5.5.1 $w_1^2 + w_2^2$ **5.5.2** $w_1^2 + w_2^2 - w_3^2$

付　章

A.1.2 $\mathbf{R}[x]$ では $(x-2)(x^2+x+1)$, $\mathbf{C}[x]$ では $(x-2)(x-\frac{-1+\sqrt{3}i}{2})(x-\frac{-1-\sqrt{3}i}{2})$

A.2.2 群となるのは (1), (2), (5). その他は群ではない.

A.2.5 $n = 5$

A.2.7 H から aH への写像 $x \longmapsto ax$ は全単射. したがって aH の元の個数は H の元の個数に等しい.

A.3.3 環 R の任意の元 x について $x = x1 \in I$.

A.3.8

和の表

	0	1	2	3	4	5
0	0	1	2	3	4	5
1	1	2	3	4	5	0
2	2	3	4	5	0	1
3	3	4	5	0	1	2
4	4	5	0	1	2	3
5	5	0	1	2	3	4

積の表

	0	1	2	3	4	5
0	0	0	0	0	0	0
1	0	1	2	3	4	5
2	0	2	4	0	2	4
3	0	3	0	3	0	3
4	0	4	2	0	4	2
5	0	5	4	3	2	1

A.3.9 Ker (γ) は $x^2 - 2x + 2$ で生成される $\mathbf{R}[x]$ の単項イデアル.

A.4.2 R を有限整域として, R の 0 と異なる任意の元が逆元をもつことを示せばよい. $R \ni a \neq 0$ とする. $R \ni x \longmapsto ax$ は R から R への単射, したがって全射であるから, $ax = 1$ となる R の元 x が存在する.

A.5.2 多項式 $f(x)$ の次数を $\deg(f(x))$ と表わすことにすれば, $\deg(f(x)g(x)) = \deg(f(x)) + \deg(g(x))$ である. したがって $f(x)g(x) = 1$ となるのは $f(x)$, $g(x)$ が定数のときだけ.

A.5.4 $(-5x_1)x_3^3 + (-5x_1^3x_2 - 2x_1x_2 + 7x_1)x_3 + (8x_1x_2^2 + 6x_1 - 8x_2 - 9)$

A.5.5 (2) 問題のイデアルが仮に $f(x_1, x_2)$ で生成された単項イデアルであるとする. x_1 は問題のイデアルの元であるから $x_1 = fg$ となる多項式 g がある. これを $K[x_2]$ を係数とする x_1 の多項式として表わすことによって f は x_1 を因子とすることがわかる. 同様に f は x_2 を因子とすることから矛盾を生じる.

A.5.6 $x_1x_2 - 1 = x_1(x_2-1) + (x_1-1)$ であるから問題のイデアルは $u_1x_1 + u_2x_2$ の形の元全体よりなるイデアル（問題 A.5.6 参照）に含まれる.

参考文献

[1] F.R.Gantmacher, The Theory of Matrices, vols. 1-2, Chelsea, Ney York (1959)

[2] S. Lang, Linear Algebra (2nd Edition), Addison-Wesley, Massachusetts (1970)

[3] Van der Waerden, Algebra I (Heidelberger Taschenbücher 12), Springer-Verlag, Berlin-Heidelberg-New York (1971)
(日本語版 現代代数学 銀林浩訳 東京図書 (1959))

[4] 津田丈夫 不可能の証明 共立出版 (1985)

[5] 佐竹一郎 線型代数学 (数学選書 1) 裳華房 (1974)

[6] 齋藤正彦 線型代数入門 東京大学出版会 (1966)

[7] 高木貞治 代数学講義 共立出版 (1965)

[8] 清瀬卓, 澤井繁訳 カルダーノ自伝 (De propria vita) (平凡社ライブラリー) 平凡社 (1995)

[9] 森毅 数学の歴史 (講談社学術文庫 844) 講談社 (1988)

[10] M. Queysanne et A.Delachet, Algèbre Moderne (Collection Que Sais-Je? No. 1246) (1955)
(日本語版 現代代数学 芹沢正三訳 (文庫クセジュ 207) 白水社 (1956)

[11] デビッド・バーガミニ 藪内清訳 数の話 (ライフサイエンスライブラリ 1) タイムライフインターナショナル (1967)

[12] 阿部英一 代数学 (現代数学レクチャーズ B-1) 培風館 (1977)

[13] 岩垂好裕 符号理論入門 昭晃堂 (1992)

[14] 淡中忠郎 代数学 (朝倉数学講座 1) 朝倉書店 (1960)

[15] 野本久夫, 岸正倫 基礎課程解析入門 (サイエンスライブラリ現代数学への入門 2) サイエンス社 (1976)

索　　引

あ　　行

か　　行

さ　行

た 行

な 行

は 行

ま　行

や　行

ら　行

わ　行

著者略歴

隅山孝夫（すみやま たかお）

1975年　名古屋大学理学部数学科卒業
1977年　岡山大学大学院理学研究科修士課程修了
現　在　愛知工業大学教授　博士（理学）

サイエンス テキスト ライブラリ＝10

線形代数学入門

2000年4月10日 ©　初版発行
2018年4月25日　初版第5刷発行

著　者　隅山孝夫　発行者　森平敏孝
印刷者　大道成則

発行所　**株式会社　サイエンス社**

〒151-0051　東京都渋谷区千駄ヶ谷1丁目3番25号
営業　☎（03）5474-8500（代）　振替　00170-7-2387
編集　☎（03）5474-8600（代）
FAX　☎（03）5474-8900

印刷・製本　太洋社

ISBN4-7819-0944-2

PRINTED IN JAPAN

サイエンス社のホームページのご案内
http://www.saiensu.co.jp
ご意見・ご要望は
rikei@saiensu.co.jp　まで．